国家社科基金（军事学）项目

电子对抗制胜机理

单琳锋　金家才　张　珂　著

国防工业出版社
·北京·

内 容 简 介

本书旨在探寻电子对抗制胜的内在依据和实现途径，对于完善电子对抗理论体系及提升电子对抗打赢能力，具有重要理论指导价值。一是分析了制胜标准、制胜活动的主客体和基本制胜途径，解决了"电子对抗制胜机理是什么"的问题。二是以能量流转性为依据，划分出"聚优谋势""多元集成""精确释能""多域显效"四个子项，解决了"电子对抗制胜机理包括什么"的问题。三是重点论述了各项机理的内在依据，解决了"为什么能够制胜"的问题。四是系统阐述了各项制胜机理的实现途径，解决了"如何实现制胜"的问题。

本书可用于电子对抗领域军事理论教学研究工作，亦可作为军事爱好者深入了解电子对抗的理论读本。

图书在版编目（CIP）数据

电子对抗制胜机理/单琳锋，金家才，张珂著．—北京：国防工业出版社，2023.11（重印）
ISBN 978-7-118-11572-7

Ⅰ.①电… Ⅱ.①单… ②金… ③张… Ⅲ.①电子对抗-研究 Ⅳ.①TN97

中国版本图书馆 CIP 数据核字（2018）第 042797 号

※

国防工业出版社出版发行

（北京市海淀区紫竹院南路 23 号　邮政编码 100048）
北京龙世杰印刷有限公司印刷
新华书店经售

＊

开本 710×1000　1/16　印张 12½　字数 175 千字
2023 年 11 月第 1 版第 4 次印刷　印数 4001—5000 册　定价 80.00 元

（本书如有印装错误，我社负责调换）

国防书店：(010)88540777　　　发行邮购：(010)88540776
发行传真：(010)88540755　　　发行业务：(010)88540717

编写组成员

(按姓氏笔画排序)

王 雷　朱玉萍　张 珂
张 璇　金家才　单琳锋

前　言

物质世界始终处于运动之中，并不断呈现出各种迂回变化的状态。在人类社会发展历程中，一定群体或个人所从事的实践活动总有着范围不同、时长不等的演进过程、阶段及结局，胜利与失败正是对具有对抗性质的实践活动结局的一种状态描述。"胜败乃兵家常事"就是从中立角度对军事对抗活动结局状态分布的客观性描述。然而在军事对抗活动中，制服对手取得胜利从来都是实践者极力追求的目标，有关制胜的规律、原理、方法等自然成为军事理论研究的重中之重。

自军委习主席对深入研究现代战争制胜机理做出系列重要论述以来，军内涌现出一批关于制胜机理的高价值研究成果，其主要关注点集中于战争制胜机理与一般作战制胜机理，对于具体作战领域，尤其是网电领域的制胜机理尚缺乏系统研究。信息时代，电磁空间是网电空间的主战场，电子对抗是网电作战的主要形式，夺取制电磁权对于制胜网电空间进而制胜现代战争具有重要支撑作用。本书以电子对抗制胜机理为研究对象，探求现代战争中电子进攻方夺取制电磁权的内在依据与实现途径，一方面试图将制胜机理研究逐渐深入至网电空间这一前沿作战领域，另一方面期望在电子对抗作战理论体系中，构建从基础理论——电子对抗规律，到应用理论——电子对抗战法的理论桥梁。

本书以电子对抗制胜机理的定义、划分、内涵、依据等基本问题为核心研究内容，这些问题尚无定论，却是研究电子对抗制胜机理不可回避的关键要素。因此，我们唯有本着不怕出错的态度将近年的研究成果呈现于更多的专家与同仁面前，以期在请教与探讨中琢磨观点，在批评与斧正中提升水准。"纸上得来终觉浅，绝知此事要躬行。"从实践中总结经验、发掘机理，在实践中运用成果、检验机理是研究制胜机理的高效途径。囿于学术能力与写作时间，本书的大部分内容还是以各类书本理论为基石，真正源于实践或是经过实践检验的结论较少，还需要在后续工作中予以补强，才能真正实现理论与实践的有机结合，进而获得更具说服力与实用性的电子对抗制胜机理研究成果。

  本书在撰写过程中得到了国防科技大学电子对抗学院黄学军教授、谈何易教授、薛磊教授、施自胜教授等专家的有力指导，在此深表谢意。

编写组
二〇一七年七月

目 录

绪论 ·· 1
第一章　电子对抗制胜机理的理论释要 ······························ 7
　第一节　基本概念考求 ·· 7
　　一、机理 ·· 7
　　　（一）机理的概念探源 ·· 7
　　　（二）机理的理论层次 ·· 8
　　二、制胜机理 ·· 10
　　　（一）对制胜机理的一般认识 ··································· 10
　　　（二）制胜机理的定义 ·· 10
　　三、电子对抗制胜机理 ·· 12
　　　（一）电子对抗制胜机理的基本定义 ·························· 12
　　　（二）电子对抗制胜机理的研究重点 ·························· 13
　第二节　相关概念辨析 ·· 16
　　一、电子对抗制胜机理与电子对抗作用原理的辨析 ········· 16
　　二、电子对抗制胜机理与电子对抗制胜规律的辨析 ········· 17
　　三、电子对抗制胜机理与电子对抗作战方法的辨析 ········· 18
　第三节　影响因素分析 ·· 19
　　一、电子对抗作战目的 ·· 20
　　二、攻防双方作战形态 ·· 22
　　三、电磁空间基本属性 ·· 25

四、主战装备作用原理 …………………………………… 28
　第四节　内容体系构建 ……………………………………… 30
　　一、概念划分 ……………………………………………… 30
　　二、子项确定 ……………………………………………… 32
第二章　聚优谋势——电子对抗制胜的先决条件 ……………… 36
　第一节　基本内涵 …………………………………………… 36
　　一、聚力生优——电磁兵力优势形成 …………………… 37
　　　（一）兵力优势的含义 ………………………………… 37
　　　（二）电磁兵力优势的定义 …………………………… 38
　　　（三）电磁兵力优势的形成要素 ……………………… 39
　　二、布局增优——电磁格局优势形成 …………………… 40
　　　（一）格局优势的含义 ………………………………… 41
　　　（二）电磁格局优势的定义 …………………………… 42
　　　（三）电磁格局优势的形成要素 ……………………… 43
　　三、施行拓优——电磁行动优势形成 …………………… 44
　　　（一）行动优势的含义 ………………………………… 44
　　　（二）电磁行动优势的定义 …………………………… 45
　　　（三）电磁行动优势的形成要素 ……………………… 46
　第二节　内在依据 …………………………………………… 47
　　一、电磁兵力优势的静态支撑作用 ……………………… 47
　　　（一）兵力数量优势的保障作用 ……………………… 47
　　　（二）兵力质量优势的决定作用 ……………………… 48
　　二、电磁格局优势的整体优化作用 ……………………… 51
　　　（一）关键局部优势的聚优作用 ……………………… 52
　　　（二）电磁配系优势的强化作用 ……………………… 53
　　三、电磁行动优势的动态增益作用 ……………………… 54

（一）行动速度优势的限敌作用 …………………… 54
　　　（二）行动精度优势的增效作用 …………………… 55
　第三节　实现途径 …………………………………………… 57
　　一、合理集中电子对抗力量 …………………………… 57
　　　（一）基于目标直接实施能量集中 ………………… 57
　　　（二）基于效果实现释能时间集中 ………………… 58
　　二、科学构设电子进攻配系 …………………………… 59
　　　（一）施以立体化疏散式力量配置 ………………… 60
　　　（二）采用动态化调控式任务区分 ………………… 61
　　三、全面优化侦控打评流程 …………………………… 63
　　　（一）对行动流程各环节予以优化 ………………… 63
　　　（二）提高行动流程整体运行速率 ………………… 65
第三章　多元集成——电子对抗制胜的基本形式 ……………… 67
　第一节　基本内涵 …………………………………………… 67
　　一、功能耦合——电子对抗平台级集成 ……………… 68
　　　（一）功能耦合的内涵 ……………………………… 68
　　　（二）功能耦合的实现条件 ………………………… 70
　　二、平台综合——电子对抗系统级集成 ……………… 71
　　　（一）平台综合的内涵 ……………………………… 71
　　　（二）平台综合的实现条件 ………………………… 73
　　三、系统联合——电子对抗体系级集成 ……………… 74
　　　（一）系统联合的内涵 ……………………………… 74
　　　（二）系统联合的实现条件 ………………………… 76
　第二节　内在依据 …………………………………………… 77
　　一、功能耦合对平台级电子对抗的能力强化作用 …… 77
　　　（一）生成一定的多样化任务遂行能力 …………… 78

　　　　（二）提高目标引导与电磁机动的速率 …………………… 79
　　二、平台综合对系统级电子对抗的效能提升作用 ……………… 80
　　　　（一）实现对目标系统的广域综合对抗 …………………… 81
　　　　（二）强化对战场电磁态势的应变水平 …………………… 82
　　三、系统联合对体系级电子对抗的整体融合作用 ……………… 83
　　　　（一）加强己方电子攻防力量的协调性 …………………… 83
　　　　（二）形成对敌电子防御方的综合毁伤 …………………… 85

第三节　实现途径 ………………………………………………… 86
　　一、依托装备，人机合一 ………………………………………… 86
　　　　（一）合理运用一体化电子对抗平台 ……………………… 86
　　　　（二）以人机高效结合释放作战能力 ……………………… 87
　　二、网状互通，灵活组合 ………………………………………… 89
　　　　（一）构建纵横贯通的网状系统结构 ……………………… 89
　　　　（二）基于态势实施模块化平台组合 ……………………… 90
　　三、全局管控，跨域聚力 ………………………………………… 91
　　　　（一）建立全局性电磁频谱管控机制 ……………………… 91
　　　　（二）为夺取制电磁权跨域聚合力量 ……………………… 93

第四章　精确释能——电子对抗制胜的核心要求 ………………… 95
　第一节　基本内涵 ………………………………………………… 96
　　一、择要聚能——能量聚焦精确化 ……………………………… 96
　　　　（一）电子进攻任务的精确制定 …………………………… 97
　　　　（二）电磁打击目标的精确选择 …………………………… 98
　　二、因的用能——能量运用精确化 ……………………………… 99
　　　　（一）电子进攻装备的精确匹配 …………………………… 100
　　　　（二）电磁释能方式的精确契合 …………………………… 101
　　三、依效控能——能量控制精确化 ……………………………… 102

（一）电磁释能范围的精确限定 …………………… 103
　　（二）电磁释能手段的精确掌控 …………………… 104
第二节　内在依据 ……………………………………………… 105
　一、精确聚能对电子对抗效益的提升作用 ……………… 105
　　（一）高效优化对敌方电磁打击效果 ……………… 105
　　（二）提高电子对抗资源利用集约度 ……………… 106
　二、精确用能对释能效果生成的保障作用 ……………… 107
　　（一）确保电磁能量与目标有效接触 ……………… 108
　　（二）增强电磁能量进入目标的程度 ……………… 109
　三、精确控能对战争局面可控的促进作用 ……………… 110
　　（一）有助于加速达成整体作战目的 ……………… 110
　　（二）有利于避免目标打击附带毁伤 ……………… 111
第三节　实现途径 ……………………………………………… 113
　一、精确选定电磁打击目标 ……………………………… 113
　　（一）侦察先行，精确获取相关目标情报 ………… 114
　　（二）综合分析，精确构设目标系统结构 ………… 115
　　（三）筛选排序，精确制定目标打击清单 ………… 116
　二、精细组织电磁打击行动 ……………………………… 118
　　（一）统筹考虑，精细分配电磁打击目标 ………… 119
　　（二）基于目标，精细运用电磁打击手段 ………… 120
　　（三）着眼增效，精细实施电磁打击协同 ………… 122
　三、精准评估电磁打击效果 ……………………………… 123
　　（一）有效监控，精准感知目标毁伤信息 ………… 124
　　（二）由表及里，精准判定电磁打击效果 ………… 126
　　（三）运用结论，精准调控后续作战行动 ………… 128

第五章　多域显效——电子对抗制胜的生效路径 …… 130
第一节　基本内涵 …… 130
一、断链破网——电磁毁伤效应生成 …… 131
（一）对毁伤的基本认识 …… 132
（二）电磁毁伤的内涵 …… 133
（三）电磁毁伤效应的生成条件 …… 136
二、示假隐真——电子欺骗效应生成 …… 138
（一）对欺骗的基本认识 …… 139
（二）电子欺骗的内涵 …… 142
（三）电子欺骗效应的生成条件 …… 145
三、示强显威——电磁威慑效应生成 …… 147
（一）对威慑的基本认识 …… 148
（二）电磁威慑的内涵 …… 150
（三）电磁威慑效应的生成条件 …… 153
第二节　内在依据 …… 155
一、电磁毁伤对电子信息系统的功能瘫痪作用 …… 155
（一）瘫敌预警探测系统，迷茫信息感知 …… 156
（二）瘫敌信息传输系统，隔断相互关联 …… 157
（三）瘫敌战争潜力系统，动摇能力根基 …… 158
二、电子欺骗对信息接收主体的感知诱扰作用 …… 160
（一）诱敌置信欺骗信号，引起感知错觉 …… 160
（二）诱敌误判我方身份，采纳诱骗信息 …… 162
（三）诱敌做出错误推断，导致定势错悟 …… 163
三、电磁威慑对信息时代强敌的心理制约作用 …… 165
（一）致敌产生恐惧情绪，斗争意志受挫 …… 165
（二）致敌产生疑虑心理，不敢贸然行动 …… 166

（三）致敌产生认知定势，拓展施效范围 …………… 167
第三节　实现途径 ……………………………………… 168
　一、直击要害，多能聚效 …………………………… 168
　　（一）整体谋划，突出重点，锁定电磁毁伤目标 …… 168
　　（二）匹配用能，功能集成，统筹电磁毁伤手段 …… 170
　　（三）扰毁融合，信火并行，强化电磁毁伤效果 …… 171
　二、因情施骗，层层拆解 …………………………… 172
　　（一）着眼制胜，综合考量，定下电子欺骗决心 …… 173
　　（二）顺意可信，基于效果，设计电子欺骗内容 …… 174
　　（三）技谋结合，加强协同，组织电子欺骗行动 …… 176
　三、慑敌所惧，多手并举 …………………………… 178
　　（一）服务全局，立足实际，明确电磁威慑目的 …… 178
　　（二）用敌所惧，统一指挥，掌控电磁威慑力量 …… 179
　　（三）平战结合，慑打并举，释放电磁威慑信息 …… 180

参考文献 ……………………………………………… 184

绪　　论

纵观人类战争史，尽管战争形态与作战形式不断发展，作战规模与打击重心不尽相同，但交战双方对胜利的追求从未改变。制服敌人取得胜利是一切战争行动的出发点与归宿点，而赢得战争要以正确的理论为指导，实现制胜的作战行动必然要建立在对其内在原理的深入剖析与正确运用之上。制胜机理能够为作战实践提供指向性较强的理论指导，自然是作战理论研究的重点。

习主席深刻指出："现代战争确实发生了深刻变化。这些变化看上去眼花缭乱，但背后是有规律可循的，根本的是战争的制胜机理变了。"制胜机理在战争发展历程中并非一成不变，同一时期不同作战领域的制胜机理也存在一定差别。首先，制胜机理主要由制胜的主导因素决定，而战争形态的发展决定了制胜主导因素的变化。从冷兵器战争到信息化战争，制胜的主导因素经历了由兵力规模到能量再到信息的演进，牵引着制胜机理逐渐由"以大吃小"向"以快吃慢"转变。其次，制胜机理受作战形式的影响。信息化联合作战需要诸军兵种进行复杂且有序的协调配合以制胜，其制胜机理凸显系统性与全局性，必然与单一军兵种作战有所区别。再次，制胜机理受主战装备能量释放途径的影响。火力战强调以火力对实体作战目标进行物理摧毁，制胜机理具有直接性；电子对抗强调以电磁能、定向能对目标电子信息设备的效能进行削弱与破坏进而制约敌作战能力，其制胜机理具有间接性，与火力战存在一定区别。

　　制胜机理本身的变化与特性，赋予了各类制胜机理研究的时代内涵与实际价值，也是课题研究的根本依据。为明确研究范围、突出研究重点、彰显学科特色，从上述影响制胜机理发展变化的三个方面引出本书研究对象——电子对抗制胜机理，并做相关说明。一是战争形态背景。我军正处于机械化与信息化的双重建设时期，考虑到建设任务的长期性与艰巨性，在当下直至可预见的未来，信息化局部战争应当是电子对抗所处的战争形态背景。二是作战形式背景。现代战争的主要作战形式是联合作战，电子对抗力量作为联合作战力量的重要组成部分必须要融入联合、服务联合，以联合作战的胜利作为自身的制胜标准。三是由主战装备与主战兵种引出的相关说明。研究制胜机理必须以主战装备作用原理为基础。电子对抗在行动上可区分为电子进攻、电子防御与电子对抗侦察，用于电子进攻的作战装备包括电子干扰装备与电子摧毁装备，是以主动进击夺取制电磁权的主要物质依托；电子防御主要依托所保护的电子信息设备本身展开行动，主战装备的概念较为弱化；电子对抗侦察的核心功能之一即为电子进攻提供情报保障，且现有电子对抗装备大多实现了"侦扰一体"或"侦毁一体"，电子对抗侦察设备通常作为功能模块融入电子对抗作战平台之中。据此宜将电子进攻装备作为电子对抗的主战装备，将电子对抗兵这一依托电子进攻装备实施作战行动的专业电子对抗力量，确定为电子对抗的主战兵种。

　　综上所述，本书主要研究内容为：**信息化联合作战中，以电子对抗兵电子进攻装备的释能途径为基本着眼点的电子对抗制胜**

机理。

电子对抗是夺取制电磁权的核心手段，也是获得网电空间主导权的基本途径，对夺取信息化联合作战的全局胜利具有重要支撑作用。电子对抗在现代战争中的地位决定了电子对抗作战理论研究的重要性，而电子对抗制胜机理是电子对抗作战理论体系中的关键部分，深刻揭示并科学运用电子对抗制胜机理，是时代赋予电子对抗人的神圣职责，更是落实强军目标，提升电子对抗打赢能力的客观要求。

首先，研究电子对抗制胜机理是完善电子对抗理论体系的迫切需求。电子对抗于20世纪初登上历史舞台，在100多年的发展历程中，用于电子对抗的相关技术与装备取得了飞速发展，一度代表了同时期的最高军事科技水平。在装备技术水平的支撑下，电子对抗作战理论也取得了长足进步，逐渐形成了以基本理论与应用理论为主体的理论体系。其中基本理论是关于电子对抗现象和本质的系统知识，核心是电子对抗规律，反映了电子对抗行动中各种矛盾运动的必然性，决定着电子对抗的进程与结局。电子对抗规律在电子对抗本质没有发生较大变化的前提下具有普适性与稳定性，在较长时间内始终对电子对抗应用理论起到宏观制约与规定作用。应用理论则是关于电子对抗实践与方法的系统知识，核心是电子对抗战法，是对电子对抗行动的具体指导，受到军事思想、战争形态、作战样式、体制编制、装备技术等多方面影响，具有针对性与动态性。

"强胜弱败"是基本的作战制胜规律。这一规律是对力量对比与胜负结果关系的客观规定。但强胜弱败律无法在作战行动中直接为电子对抗力量所用，要实现电子对抗制胜必须以行之有效的电子对抗战法为行动指导。一切作战理论研究的目的都是制胜，战法研究同样以制胜为目标，电子对抗战法实质上就是电子对抗的制胜方法。规律是方法的本源，方法是规律的应用，从揭示制胜规律到提出制胜方法，是一个理论逐层沉降的过程，在这一过程中制胜机理起到"桥梁"作用。电子对抗制胜机理以同一时期的战争形态、作战样式、体制编制以及装备技术水平等因素为基础，将制胜规律进一步具体化，能够与电子对抗战法更好地契合。就电子对抗作战理论的研究现状看，对规律的研究已较为系统，对战法的研究也比较丰富，但对两者之间理论承接的研究却较为缺乏。为进一步完善电子对抗作战理论体系，加强电子对抗制胜机理研究以形成从规律到机理再到战法的理论链条，迫在眉睫。

其次，研究电子对抗制胜机理是提升电子对抗打赢能力的必由之路。必须以"能打仗、打胜仗"为强军之要，深入推进中国特色军事变革，使我军成为"召之即来、来之能战、战之必胜"的威武之师。打赢能力是军队的核心军事能力，提升打赢能力是军队建设的核心牵引，也是实现"能打仗、打胜仗"的关键。电子对抗力量是夺取制电磁权的主导力量，其打赢能力是我军联合作战打赢能力的重要组成部分。

有效运用电子对抗制胜机理，对提升电子对抗打赢能力意义重大。一是能够提高电子对抗客观实际与主观指导的符合程度。电子对抗制胜机理建立在制胜规律的基础之上，是对制胜规律的具体反映；科学运用制胜机理意味着对制胜规律的遵循，建立在电子对抗制胜机理上的主观指导更有可能与客观实际相符，从而更好地生成电子对抗打赢能力。二是能够促进电子对抗指战员主观能动性的发挥。技术密集以及对装备性能的高度依赖是电子对抗的显著特点，但人的主观能动性仍然是电子对抗制胜的决定因素。电子对抗制胜机理为主观能动性的发挥留下了充足的空间，创造性运用电子对抗制胜机理能更好地释放打赢能力。

近年来，军事学术界对各层级、各领域的制胜机理展开了卓有成效的研究，形成了以下共性结论。一是信息在制胜过程中发挥主导作用，即"信息主导"。对于现代战争而言，尽管火力、兵力、士气等因素依然发挥重要作用，但制胜的主导因素被公认为信息，这源于信息化作战对信息和信息系统的高度依赖。二是体系对抗成为制胜的基本着眼点。学术界在阐述制胜能力的生成与释放机理时，无论是针对己方作战体系的"功能耦合""集成联动"机理，还是针对敌方作战体系的"结构破坏""毁节破链"机理，都以体系对抗为逻辑起点。聚合己方体系作战能力打敌要害、破敌体系，成为公认的制胜路径。三是摧毁敌战争意志成为研究重点。相当一部分学者认为，研究制胜机理应当着眼敌方战争意志，努力探索信息化军事手段对敌方的威慑作用。"基于效果""攻心夺志"等制胜机理的提出，体现了对"不战而胜"理想效果的追求。

基于上述共性结论，以下四个方面还需要深化研究。一是关于制胜机理概念界定。第一章将深入分析，此处不再赘述。二是关于制胜机理内容划分。现有成果中，对于制胜机理归类划分的研究较为缺乏，即便有学者提出了划分准则，结果或是不在一个逻辑层面，或是相互间交叉重复，或是不能涵盖整个制胜过程。探索制胜机理，必须以科学的准则划分机理，这样才更具逻辑性和说服力。三是关于制胜机理立论依据。部分文献在论述具体制胜机理时，对"该机理是怎么得来的"或"为什么能成为制胜机理"论证不足，却花费较多篇幅阐述机理的作用体现与运用方法，相当于在机理可否"站住脚"都无定论的情况下，就对其做出评价并加以运用。论述制胜机理要注重对其成因的考求，做到言之有据。四是关于具体作战样式制胜机理研究。现有关于具体作战样式制胜机理的研究趋于泛化，体现为将具有普遍意义的制胜机理加上一个具体作战样式的前缀，就成了该作战样式的"制胜机理"。以"破击体系"制胜机理为例，学术界出现了"空降作战破击体系制胜机理""防空作战破击体系制胜机理"等大量类似概念，其研究成果针对性不强，有简单拼凑之嫌。

"电子对抗制胜机理研究"课题的提出，是电子对抗作战实践发展需求与理论研究深化共同作用的结果。为把握时代内涵、突出研究重点、体现学科特色，课题以信息化局部战争为背景，将电子对抗侦察融入电子进攻行动之中，以电子对抗兵电子进攻行动为着眼点，按照"提出问题—分析问题—解决问题"的思路对电子对抗制胜机理展开研究。绪论，提出问题。明确电子对抗制胜机理的研究目的与意义；归纳现有制胜机理研究的主要观点并提出需要深化研究的问题；阐明研究思路与基本框架。第一章，分析问题。在对"机理"探源并深入分析的基础上，界定"制胜机理"与"电子对抗制胜机理"概念；剖析影响电子对抗制胜机理的要素；将电子对抗制胜机理划分为若干子项，建立其内容体系。第二、三、四、五章，解决问题。按照基本内涵、内在依据、实现途径的"三步走"模式，逐条剖析电子对抗制胜机理。

第一章 电子对抗制胜机理的理论释要

为打牢理论根基，加强电子对抗制胜机理研究的科学性与逻辑性，严谨、深入的理论释要必不可少。一是基本概念考求，明确什么是电子对抗制胜机理；二是相关概念辨析，避免电子对抗制胜机理与相似概念发生混淆；三是影响因素分析，探明电子对抗制胜机理特殊性的成因；四是内容体系构建，提出电子对抗制胜机理具体内容的理论框架。

第一节 基本概念考求

概念是反映事物对象本质属性的思维形式。作为人类思维活动中最小、最基本的构成单位，概念是构成命题、推理等思维形式的基本要素。准确理解和把握基本概念，是科学认识和深刻揭示电子对抗制胜机理的必要条件。根据逻辑学中限定概念的方法，理应按照内涵由少到多、外延由大到小的顺序，依次对"机理""制胜机理""电子对抗制胜机理"进行概念考求。

一、机理

（一）机理的概念探源

"机理"一词源自英语单词 mechanism，从英语构词的角度，

mechanism 由前缀 mechan- 与后缀 -ism 组成，前者表示与机械有关，后者表示"主义"①。因此可从哲学主张或学说的高度将 mechanism 理解为：以机械运行的思想与宗旨对客观世界、社会生活、学术问题等所持有的系统的理论与主张。暂且不论机械唯物主义的局限性，从英语构词上来看，mechanism 一词具备了向多个科学领域渗透的语义基础。从汉语构词的角度，"机理"中的"机"指机械，"理"为原理，本义是指机械的构造和工作原理。

"机理"概念在科学界首先被物理学、化学等学科广泛运用，指代物质变化或相互间作用过程中反映本质关系的原理，如核聚变机理、金属氧化机理等。随后"机理"逐渐进入生物科学领域，意为有机体形成一定构造、功能和相互关系的具体原理，如病毒致病机理、细胞衰老机理等。广泛运用于自然科学领域后，"机理"逐渐向社会科学领域渗透，用于指代事物发生发展过程中遵循的内在依据，如通货膨胀机理、制度创新机理等。目及范围内，"机理"概念首次运用于军事科学领域要追溯到《战役理论机理分析》② 一文。该文从理论范式和结构层次两个角度对战役理论做了初步分析。此后，军事科学领域尤其是作战理论领域广泛运用这一概念，出现了"作战机理""作战能力生成机理""战斗体系运行机理""指挥能力释能机理"等概念。

（二）机理的理论层次

不同领域的机理在概念上存在一定区别，主要源自机理在理论

---

① 主义是指对客观世界、社会生活以及学术问题等所持有的系统的理论和主张。参见《现代汉语词典》（第6版），北京，商务印书馆，2012年，第1701页。
② 李堂杰：《战役理论机理分析》，载《国防大学学报》1999年第9期，第73-75页。

第一章 电子对抗制胜机理的理论释要

层次上的差异。如表 1-1 所示，机理具有"物理""事理""人理"[①]三个层次。

表 1-1 机理的三个层次

层次	内容	解决的问题	基本原则	主要方法
物理	独立存在于人意识之外物质运动的基本原理	是什么、为什么	追求真理	客观过程分析
事理	人在从事改造客观世界的一定事项中蕴含的道理	怎么做最有效	追求效率与协调	系统分析
人理	某一群体在从事对另一群体有影响的活动中蕴含的道理	怎么做最合适	追求人性与和谐	心理与行为分析

在自然科学领域，机理主要体现为"物理"，即独立存在于人意识之外物质运动的基本原理。"物理"层面的机理注重客观过程分析，以追求真理为基本原则，主要回答"是什么"和"为什么"的问题。

在一些自然科学与社会科学的交叉领域，如运筹学、控制理论、系统工程等，机理更多体现为"事理"，即人在从事改造客观世界的一定事项中蕴含的道理。"事理"层面的机理注重系统分析，以追求协调与效率为主要原则，主要回答"怎么做最有效"的问题。

在社会科学领域，机理除体现为"事理"与"物理"外，还体现为"人理"，即某一群体（个人）从事对另一群体（个人）有影响的活动中蕴含的道理。"人理"层面的机理注重心理、行为分析，以追求人性与和谐为最高原则，主要回答"怎么做最合适"的

[①] 顾基发，唐锡晋：《物理—事理—人理系统方法论：理论与应用》，上海科技教育出版社，2006年，第13-20页。

问题。

二、制胜机理

（一）对制胜机理的一般认识

"制胜"是指取胜、战胜，从敌我对抗的角度可将其进一步理解为制服敌手，取得胜利。其中制胜的对象是作战中的敌方，制胜的基本途径是作战行动，制胜的标准是达成预期的作战目的。

军事学术界对制胜机理迄今尚无统一定义，代表性的观点有两类。一是将制胜机理定义为作战制胜的途径、规律或法则等，即通过将"机理"置换成"途径""规律""法则"等更为人们熟知的概念，以简明扼要的风格定义制胜机理。二是着眼相关作战要素间的关系解释制胜机理，例如将制胜机理定义为战争诸因素发挥制胜作用的必然过程和基本方式。不宜在定义中将制胜机理简单等同于制胜规律、制胜原理或制胜途径，否则制胜机理这一概念就没有独立存在的必要，且容易导致概念混淆。将制胜机理解释为一种关系，则有可能弱化制胜机理的功能指向性，或是使其与制胜规律在含义上产生交叠。应当结合对制胜过程的认识、制胜手段的运用，从"物理""事理""人理"三个层面理解机理的本质，科学界定制胜机理的含义。

（二）制胜机理的定义

定义，是对于一种事物的本质特征或一个概念的内涵和外延的确切而简要的说明。逻辑学中，定义特指认识主体使用判断或命题的语言逻辑形式，确定一个事物在相关综合分类系统中的位置和界限，使其彰显出来的认识行为，其基本方法是"属概念加种差"，即通过掌握被定义项的属概念及其与同类概念的差别界定被定义项的含义。以"战斗力"的定义为例：战斗力是武装力量遂行作战任务的能力。在这个定义中，"战斗力"（被定义项）被界定为一种"能力"（属概念），这种能力与其他能力的本质区别是用于"武装力量遂行作战任务"（种差）。据此，可将"制胜机理"定义如下：

制胜机理是指运用一定作战手段和方式，通过一系列作战行动达成作战目的的内在依据与实现途径。

首先，明确"制胜机理"的属概念。明确属概念，要从确定制胜机理的理论层次归属入手。制胜作为一种军事活动，武器装备作为制胜的主要工具，其运行原理与杀伤效应生成原理属于"物理"层面；制胜活动需要统筹协调己方各种作战力量，以聚合己方体系作战能力攻敌作战体系薄弱环节，这种对协调与效率的追求属于"事理"层面；制胜活动的主体和客体归根结底都是由人组成的群体，如何震慑敌方心理、欺骗其感知，如何调动己方各作战力量的士气与主观能动性，则属于"人理"层面。对于制胜机理而言，不论在"物理""事理"还是"人理"层面，这些"理"都与制胜紧密相关，要么为制胜提供内在依据，要么揭示某种制胜途径。因此，将"内在依据与实现途径"确定为制胜机理的属概念较为确切。

其次，突出"制胜机理"的种概念差异。军事领域中，机理的种类不胜枚举，与其他机理相比，制胜机理的逻辑起点在于制而胜之，其立论依据源自对制胜过程的解析，实现途径直接服务制胜目的。制胜是运用一定作战手段，通过一系列作战行动，实现目的与结果相统一的过程。这也正是制胜机理的特殊性，即种差所在。

三、电子对抗制胜机理

（一）电子对抗制胜机理的基本定义

电子对抗制胜机理在概念的外延上从属于制胜机理，即前者是后者的种概念，后者是前者的属概念。从总体上看，电子对抗制胜机理与制胜机理一样，都是跨越"物理""事理""人理"三个层次的机理，体现为某种内在依据与实现途径。

电子对抗制胜机理的逻辑起点是电子对抗制胜，正确理解电子对抗制胜是发掘电子对抗制胜机理种差的关键。

一是确定电子对抗制胜标准。随着以接收与辐射电磁波为核心的无线电技术的广泛运用，电磁空间逐渐形成；通信、雷达、光电等无线电技术向军事领域的全面渗透，使电磁频谱成为至关重要的战争资源；电子对抗的出现，使电磁空间成为与陆、海、空、天并列的战场空间。电子对抗就是围绕制电磁权，在电磁空间展开的作战行动；电子对抗的目的，即电子对抗的制胜标准，就是在一定时空范围内夺取制电磁权，为联合作战的胜利创造条件。

二是确定电子对抗制胜的主要手段与基本方式。电子对抗的定义为：使用电磁能、定向能和声能等技术手段，控制电磁频谱，削弱、破坏敌方电子信息设备、系统、网络及相关武器系统或人员的作战效能，同时保护己方电子信息设备、系统、网络及相关武器系统或人员作战效能正常发挥的作战行动。根据这一定义，应将"电磁能、定向能和声能等技术手段"作为电子对抗制胜的主要手段，将电子进攻与电子防御作为电子对抗制胜的基本方式。其中，电子进攻对应"削弱、破坏敌方电子信息设备、系统、网络及相关武器系统或人员的作战效能"的作战行动；电子防御对应"保护己方电子信息设备、系统、网络及相关武器系统或人员作战效能正常发挥"的作战行动。电子对抗侦察则作为电磁斗争中重要的情报保障手段，融入电子进攻与电子防御行动之中体现制胜作用。

综上所述，电子对抗制胜机理的种差可描述如下：以夺取制电磁权为制胜标准，以电磁能、定向能和声能等技术手段为主要制胜手段，以电子进攻与电子防御为基本制胜方式。结合其属概念，可将电子对抗制胜机理定义如下：

采用电磁能、定向能和声能等技术手段，通过电子进攻与电子防御行动，夺取制电磁权的内在依据与实现途径。

（二）电子对抗制胜机理的研究重点

基于电子对抗攻防主体分离的特性，从攻防对抗的角度可将电子对抗划分为两大类，一是我方运用电子信息系统实施信息保障的军事力量对敌方电子进攻实施的电子防御；二是我方电子对抗力量对敌方运用电子信息系统实施信息保障的军事力量实施的电子进攻。根据行动主体的专业性，还可将后者进一步细分为具有自卫电子对抗能力的非专业电子对抗力量对敌实施的电子进攻，以及以电子对抗兵为主体的专业电子对抗力量对敌实施的电子进攻。根据电子对抗制胜机理的定义，上述分类涉及的制胜依据与途径都涵盖于电子对抗制胜机理的外延之中，本书则着眼"以电子对抗兵为主体的专业电子对抗力量对敌实施的电子进攻"的制胜依据与途径，有重点地研究电子对抗制胜机理，原因如下：

首先，可较好契合"体系对抗、联合制敌"的现代战争制胜机理。电子防御的行动主体与直接受益者具有同一性，非专业电子对抗力量对敌实施的电子进攻亦是如此。例如防空兵对自身防空雷达采取的反干扰措施能更好保障其防空火力的效能发挥；轰炸机对来袭导弹采取的红外告警与干扰可提高自身生存力。但电子对抗兵对敌实施电子进攻的直接受益者并非电子对抗兵本身，而是其他军兵种作战力量乃至联合作战整体力量，且电子对抗兵可能因电子进攻行动承担较大风险。比如电子防空力量对敌预警机实施干扰压制，可通过削弱、破坏敌预警机的侦察探测与指挥控制能力，为其他军兵种作战行动的顺利实施提供有力支援，进而有效促进联合作战整体制胜，而电子防空力量本身则有可能因发射大功率干扰信号遭敌定位与打击。较之其他类型电子对抗行动，电子对抗兵对敌实施的电子进攻在联合作战中具有更显要的地位作用，其制胜机理可在更高层面得以充分表达，而非拘泥于兵种本身，因此具有较高的研究价值。

其次，可较好把握电磁斗争领域强调主动进击的特质。电子防御主要以所保护的电子信息系统为物质依托，而保护对象的核心功能是遂行相应的信息保障任务，以支撑其所属作战平台、作战单元的作战行动有效实施。即使电子防御奏效，有效避免或减弱了敌电子进攻对我电子信息系统作战效能的削弱与破坏，也只是以对该电子信息系统所属作战平台或作战单元的保障而间接制敌，无法对敌产生直接的杀伤、破坏或瘫痪效应。因此，电子防御相对被动是对敌相应电子进攻措施的应对，从行动属性上分析，更应归属于保障行动而非作战行动。电子对抗兵对敌实施电子进攻，其效果主要体现为对敌电子信息系统的干扰与摧毁，对敌具有直接毁瘫效应，应归属于主动制敌的作战行动。电子对抗登上战争舞台是以电子干扰的出现为标志，与电子防御相比，电子进攻对于夺取制电磁权的地位作用更为显要，更能体现"夺取"的精髓，因此应将电子对抗兵对敌实施电子进攻作为着眼点进行制胜机理研究。

第一章　电子对抗制胜机理的理论释要

再次，可较好体现电子对抗兵这一新型作战力量的兵种特色。正如上文所述，电子防御的实施主体通常为被防护电子信息系统所属的作战平台或单元，其制胜机理为电子对抗制胜机理与该实施主体遂行核心作战任务所属作战领域或样式的制胜机理的交集。考虑到电子防御"谁使用谁负责"的行动原则，其实施主体涉及的作战领域或样式更应成为制胜机理研究的着眼点。例如，防空兵对自身预警探测系统实施电子防御的制胜机理，从属于电子对抗制胜机理，也从属于防空作战制胜机理，但更应融入后者进行研究。同理，非专业电子对抗力量的电子进攻，其制胜机理亦为电子对抗制胜机理与实施主体遂行任务所涉及作战领域或样式的制胜机理的交集，由于此类电子进攻多以确保实施主体自身安全为直接目的，其制胜机理应融入自卫主体主要作战行动的制胜机理中进行研究。例如航空兵在空袭作战中对敌防空导弹实施自卫干扰，其制胜机理从属于电子对抗制胜机理，但无疑应作为空袭作战制胜机理的组成部分进行研究为宜。电子对抗兵是电磁斗争领域的主战力量，其核心职能——电子进攻，是电磁斗争的核心手段。电子对抗兵对敌实施电子进攻的制胜机理是其兵种作战理论的研究重点，与其他类型电子对抗的制胜机理相比，更具兵种特色，应当着重研究。

有鉴于此，应当以电子对抗兵作为电子对抗制胜活动的主体，即电子进攻方；将电子对抗兵的作战对象，即依托电子信息系统实施信息保障的敌电子防御方，确定为电子对抗制胜活动的客体；将电子进攻（电子对抗侦察融入其中）确定为电子对抗制胜的主要途径。综合上述分析，应将**"电子进攻方对敌电子防御方实施电子进攻行动，夺取制电磁权的内在依据与实现途径"**作为电子对抗制胜机理的研究重点，后续研究均围绕这一重点展开。

第二节 相关概念辨析

为避免概念上的混淆,加深对电子对抗制胜机理定义的准确理解,有必要将"电子对抗制胜机理"与"电子对抗作用原理""电子对抗制胜规律""电子对抗作战方法"这三个与之具有一定相关性的常见概念进行辨析。

一、电子对抗制胜机理与电子对抗作用原理的辨析

电子对抗作用原理主要指,运用电磁能、定向能等技术手段,削弱、破坏敌电子信息设备工作效能的技术原理,诸如压制性干扰原理、定向能毁伤原理等。电子对抗作用原理是所有电子对抗作战理论的共同基本依据,同样也是电子对抗制胜机理的基本依据,不存在有悖于电子对抗作用原理的制胜机理。电子对抗制胜机理跨越了"物理""事理"与"人理"三个层面,而电子对抗作用原理仅仅停留在"物理"层面,因此两者的根本区别就是理论层面归属的区别,具体体现在以下两方面。

一是目的指向的区别。电子对抗制胜机理着眼制胜,目的性突出,主要是电子进攻方遵循的理论依据,具有鲜明的立场;电子对抗作用原理从客观角度揭示电磁能、定向能等在电子对抗中发挥效应的技术原理,完全独立于人的意识而存在,其本身没有目的指向性,可为电子进攻与电子防御双方所用,没有特定的服务群体。例如电子对抗作用原理中的压制性干扰原理:利用一定频段的较高功率噪声,通过时域、地域、频域、能域的覆盖,使接收方难以提取有用信号。该原理从客观角度阐述了压制性干扰生效的过程,是电子进攻与电子防御双方都必须了解且遵循的原理。

二是分类方式的区别。电子对抗作用原理可根据对抗手段进行分类，分为电子干扰原理、电子摧毁原理等；也可根据对抗专业分为通信对抗原理、雷达对抗原理、光电对抗原理、导航对抗原理等，电子对抗作用原理可以从上述角度分解为若干部分，进行分别研究。电子对抗制胜机理则不宜从上述角度进行区分，原因在于从联合作战这一背景出发，电子对抗已经成为体系与体系的对抗，由于强敌网络化电子信息系统的代偿性与多能性，单纯依靠电子干扰或电子摧毁某一种手段已难以实现制胜；分别取得通信对抗、雷达对抗、光电对抗、导航对抗的胜利不一定就能实现体系对抗的整体胜利。因此要对电子对抗制胜机理内容做具体区分，就要着眼制胜过程的整体以及相关各要素间的相互联系，避免简单机械的拆分。

二、电子对抗制胜机理与电子对抗制胜规律的辨析

规律是事物内部诸要素之间本质的、必然的、稳定的联系。在此基础上可将电子对抗制胜规律理解为电子对抗制胜这一过程内部各要素之间本质的、必然的、稳定的联系。电子对抗制胜机理与电子对抗制胜规律同为电子对抗作战理论的重要组成部分，都是寻求电子对抗制胜之道的客观依据。两者的根本区别源自机理与规律的区别，具体体现为以下两方面。

一是作用层次的区别。电子对抗制胜机理主要回答"哪些手段能实现电子对抗制胜""某种手段为什么能实现电子对抗制胜""哪种手段制胜效果最好"等问题，这些问题的答案能够为电子对抗的作战筹划与行动实施提供较直接的指导。例如电子对抗制胜机理中的"断链破网——电磁毁伤效应生成"，通过阐述对敌信息链路及网络实施遮断与破击以达成毁瘫目标系统之效果的内在依据

与实现途径，为筹划实施电磁毁伤行动提供理论指导。电子对抗制胜规律主要回答"电子对抗制胜过程中各要素之间有什么联系"的问题，得出的结论不能直接为电子对抗指挥员所用。例如，"电子对抗装备的技术性能对夺取制电磁权的时空范围具有制约作用"这一规律，尽管是所有电子对抗指挥员在作战筹划中必须遵循的法则，但不具有直接指导作用。

二是稳定性的区别。电子对抗制胜机理具有鲜明的时代特征，受到电子对抗装备技术水平、攻防双方作战形态等因素的影响。仍然以"断链破网——电磁毁伤效应生成"这一机理为例，断链破网针对的是敌链路化、网络化电子信息系统，并且要依托具有相应电磁打击能力的电子对抗力量组织实施。如果敌电子信息设备没有实现链路化与网络化，断链破网就失去了施效对象；如果电子进攻方不具备相应的电磁打击能力，就不能支撑断链破网的组织实施，只有两者兼具，这一机理才能立足。电子对抗制胜规律则具有较强的稳定性，只要与电子对抗制胜相关的要素没有发生本质变化，电子对抗制胜规律就将始终存在，不受作战思想、装备技术水平等时代性因素变化的影响。仍然以"电子对抗装备的技术性能对制电磁权的时空范围具有制约作用"这一规律为例，不论作战思想如何变化，不论装备性能先进与否，上述规律始终客观体现了电子对抗装备技术性能与制电磁权时空范围之间的关系。

三、电子对抗制胜机理与电子对抗作战方法的辨析

作战方法简称战法，是指组织与实施作战行动的方法。有鉴于此，可将电子对抗作战方法定义为组织与实施电子对抗行动的方法。科学有效的电子对抗作战方法是电子对抗指挥员主观指导与战场态势客观实际的辩证统一，是运用电子对抗制胜机理夺取胜利的

具体方法。电子对抗制胜机理与电子对抗作战方法的区别主要体现在以下两个方面。

一是客观与主观的区别。电子对抗制胜机理是具有客观性的理论依据，蕴含在电子对抗制胜过程中，无论是理论研究者还是作战人员，只能认识和运用电子对抗制胜机理，而不能创造或消灭电子对抗制胜机理。电子对抗作战方法是人们主观创造的产物，根据对相关规律与机理不同程度与不同角度的认识，可制定并运用多种类型、不同级别的电子对抗作战方法，这体现了电子对抗作战方法本质上的主观性与灵活性。

二是可操作性的区别。电子对抗制胜机理与电子对抗制胜规律相比，对具体作战行动具有更直接的指导作用，但归根结底还停留在理论依据的层面，不适用于直接指导具体作战行动。而电子对抗作战方法具有极强的可操作性，直接回答了"怎样实施作战"的问题。某一电子对抗作战方法通常对应一定战场态势下电子进攻的时机、方向（地域）、目标、所使用的力量、协同方法等，能够直接为电子对抗指挥员所用。

第三节　影响因素分析

制胜机理的变化性与差异性源自特定的影响因素，对影响因素的分析是深入揭示电子对抗制胜机理的必要前提。电子对抗制胜机理的主要影响因素包括电子对抗作战目的、攻防双方作战形态、电磁空间基本属性以及主战装备作用原理，它们分别从制胜标准、制胜方式、制胜依据与制胜手段方面决定或制约了电子对抗制胜机理。

一、电子对抗作战目的

实践是人们改造自然和改造社会的有意识的活动,人们在从事实践活动之前根据需要而设想的要达到的结果就是目的。任何实践都有一定的目的,且在行动之前就已预先存在于实践主体的观念之中。作为一种特殊的军事实践活动,电子对抗同样具有其目的——电子对抗作战目的,即电子对抗行动所要达到的预期结果。电子对抗作战目的对电子对抗行动具有全局性的统领作用,是电子对抗制胜机理最重要、最根本的制约因素。

电子对抗从属于战争行动,其作战目的必然受制于战争目的。毛泽东的《论持久战》将"保存自己、消灭敌人"作为战争的根本目的,这一经典论断尽管适用于不同形态的战争,但其具体内涵却在不断发展变化。从冷兵器战争到机械化战争初期,建立在人与武器装备有效结合基础上的兵力优势是作战制胜的基础,此时"保存自己"主要体现为保存己方有生作战力量,"消灭敌人"主要体现为歼灭敌方有生力量。解放战争的多次重大战役中,我军不计较一城一地的得失,始终将大量歼敌作为首要目标,并注重对己方有生力量的保存与补充,"保存自己"与"消灭敌人"双管齐下,在整体兵力上逐渐由劣势转为优势,最终取得战争整体胜利。在战争形态由机械化向信息化演变的过程中,建立在火力与信息有效结合基础上的能量优势与信息优势逐渐取代兵力优势,成为作战制胜的关键,此时"保存自己"不仅局限于保存有生力量,更注重对己方信息化装备尤其是信息系统及信息能力的防护;"消灭敌人"则由歼灭敌有生力量逐渐转化为"毁能夺志",即瘫痪敌关键能力,摧毁敌战争意志。伊拉克战争中美军将敌方指挥控制系统、预警探测系统、通信系统等作为首要打击目标,配合强大的心理攻势,迅速瓦解了伊拉克军队的战斗力，体现了"消灭敌人"的时代内涵；反观伊拉克一方，由于指挥机构瘫痪、信息能力丧失，大批部队在没有重大伤亡的情况下投降或溃散，从反面印证了"保存自己"的时代内涵。

战争目的演变使电子对抗作战目的在信息化局部战争中具有了新的内涵。首先，电子对抗作战目的已由战术层面扩展至战略战役层面。随着国防信息化程度的提高，战略战役级预警、指挥等行动的有效实施都高度依赖于电子信息设备，由此涌现出一批具有战略战役价值的电子对抗作战目标，为扩展电子对抗作战目的提供了需求牵引。伴随装备技术的迅速发展，电子对抗飞机、远程大功率干扰站以及电磁脉冲武器等一系列装备投入使用，使电子对抗力量逐步具有了战略战役级作战能力，为扩展电子对抗作战目的提供了能力支撑。其次，电子对抗作战目的由间接支援作战向直接瘫痪敌作战能力延伸。机械化条件下，电子对抗作战目的具有明显的支援性与间接性，电子对抗力量主要通过为其他军兵种作战行动提供情报支援或实施支援干扰，间接达成"消灭敌人"。信息化局部战争，电子对抗作战目的不再局限于提供支援、间接制敌，而具有了较强的主导性与直接性。一方面，夺取战场制电磁权已成为联合战役中相对独立的初战阶段，电子对抗力量已成为战役局部的主导力量，电子对抗作战目的上升为战役局部目的；另一方面，电子对抗力量已初步具备破击敌电子信息系统的"断链破网"能力，使电子对抗作战目的向毁能夺志、直接制敌转变。科索沃战争中，夺取制电磁权已是相对独立的重要作战阶段，北约以电子战飞机为主战装备，在空袭前三小时对南联盟通信系统与防空预警系统实施高强度电子进攻，确保夺取战场制电磁权后，方展开火力打击行动。美军在空袭中还使用了电磁脉冲弹与电力干扰弹，用于毁瘫南联盟关键电子信息系统与电力供应系统，这凸显了电子对抗作战目的的直接性。

电子对抗作战目的对电子对抗制胜机理的影响，主要体现为对电子对抗制胜标准的明确，即回答"电子对抗达到什么结果才算胜利"的问题。任何作战行动都以求胜防败为根本目标，以实现这一目标作为制胜标准。"保存自己、消灭敌人"既是战争根本目的，同样也是战争制胜标准。电子对抗作战目的与电子对抗制胜标准实质上是对同一事物不同角度的反映，前者侧重对作战行动的先期预想，后者侧重对作战行动的结果评价；两者的关系在于前者对后者具有规定作用，即电子对抗作战目的决定了电子对抗制胜标准。揭示电子对抗制胜机理是一个由结果向途径与条件进行反向推导的过程，电子对抗行动要达成怎样的结果，是研究电子对抗制胜机理的起点，因此对制胜标准的定位从根本上影响了电子对抗制胜机理的研究方向。信息化局部战争中电子对抗作战目的的时代内涵决定了电子对抗制胜标准，即电子对抗行动要根据联合作战需要，达到"有效破击敌电子信息系统""夺控战场制电磁权"的结果才算胜利。这一制胜标准就是电子对抗制胜机理研究的起点，从该起点出发，揭示出的电子对抗制胜依据与途径方可作为电子对抗制胜机理的具体内容。

二、攻防双方作战形态

对抗是以剧烈的外部冲突为核心特征的一种矛盾斗争形式，作战的本质就是攻防双方的暴力对抗。就进攻一方而言，何种方式能够实现制胜取决于防御一方组织结构与抗击行动的形式与状态，以及己方组织结构与进击行动的形式与状态。进攻与防御是作战的基本分类，电子对抗作为作战样式，同样可根据其行动性质划分为攻防两种类型。一是削弱、破坏敌方电子信息系统及相关武器、人员作战效能的电子进攻；二是保护己方电子信息系统及相关武器、人员作战效能正常发挥的电子防御（电子对抗侦察融入电子进攻与电子防御全程，不再单列）。实施电子进攻的电子对抗力量与实施电子防御的电子信息系统及相关武器、人员构成了电子对抗的攻防双方，两者的作战形态相互制约，共同决定电子对抗制胜方式，进而影响电子对抗制胜机理。

首先，电子防御方的作战形态决定了电子进攻方选择作战目标与手段的方式。机械化条件下，受技术水平制约，以通信电台与雷达为主的分离式电子信息设备是电子防御的主要依托。此时电子防御方的作战形态，在组织结构上体现为电子信息设备彼此间相对独立，联网水平较低；在防护行动上，体现为对各电子信息设备采用的电子防御措施相对被动，相互间缺乏协作，基本处于各自为战的状态。针对机械化条件下电子防御方的作战形态，电子进攻方通常以敌重要通信专向或单部雷达为作战目标，以电子干扰为主要手段，通过定点遮断或压制实现电子对抗制胜。信息时代，随着电子信息技术的飞速发展，集信息获取、传输、处理、利用于一体的指挥信息系统成为电子防御的主要依托。此时电子防御方的作战形态，在组织结构上体现为电子信息设备的链路化与网络化；在防护行动上，各信息分系统通过组网加强代偿能力，实现体系抗击与整体防护。针对电子防御方的作战形态，电子进攻方通常以其信息链路或网络中的若干关键节点为作战目标，以电子摧毁和电子干扰一体打击为主要手段，主要通过断链破网实现电子对抗制胜。

其次，电子进攻方的作战形态决定了电子对抗能力聚合与能量释放的方式。机械化条件下，电子对抗力量以车载电子对抗装备为主要施效依托，缺乏升空对抗与硬杀伤装备，侦扰能力有限，且装备间信息交互能力较弱。这一时期电子对抗能力聚合方式主要体现为计划协同，即电子对抗指挥机构通过作战计划将各目标或任务频段分配至各电子对抗平台，对目标电子信息设备实施各个击破；电子对抗能量释放方式主要体现为干扰能量的简单叠加，即通过多台装备同时释放干扰以增加干信比或扩大干扰范围。信息化局部战争中，机载电子对抗平台逐步成为电子对抗力量的主要依托，反辐射武器与定向能武器的列装大幅提升了电子对抗力量的硬杀伤能力，信息系统的网聚能力使电子对抗装备实现了体系化。这一时期电子对抗能力聚合方式主要体现为平台间的系统集成，即各电子对抗平台通过实时共享信息获取较为全面、准确的战场电磁态势，形成具有最佳作战效能的侦攻组合；电子对抗能量释放方式主要体现为多种能量的精确聚焦，即有效结合软硬杀伤手段，精选目标、多能聚效，以达成电子进攻效能的倍增。

需要特别指出的是，揭示电子对抗制胜机理要建立在电子对抗攻防双方实力基本相当、形态相符的基础上，如果攻防双方实力悬殊，甚至存在"不在一个时代作战"的形态差异，电子对抗的矛盾运动就不能得到充分体现，也就很难发掘出电子对抗制胜机理。近期由美国主导的几场局部战争中，美军凭借强大的电子战力量占据了空前的电磁优势，使得电子对抗攻防双方实力过于悬殊，以至于作战形态上出现了代差。面对美军强大的电磁攻势，无论是伊拉克还是阿富汗，除了采取保持无线电静默、以焚烧产生烟幕等"原始"的对抗手段外，基本上无力与之有效抗衡，以至于电子对抗的"对抗性"无从展现，电子进攻方"一边倒"的胜利成了理所当然的结果，电子对抗制胜机理也就无法充分表达。我军潜在对手是高度信息化的强敌，或是强敌所支援的国家或地区武装力量，我电子对抗力量的作战对象很可能具有与我旗鼓相当甚至更胜一筹的电子防御能力。因此我们在研究、揭示电子对抗制胜机理时，也要以攻防双方实力大致相当为基本前提，切忌将美军的特殊情况当作普遍情况，避免将其典型经验作为普适结论。

三、电磁空间基本属性

空间是物质运动的一种存在形式。任何物质运动都涉及一定的空间，任何空间也必然包含一定的物质运动，空间与物质运动相互依存、不可割离。作战行动作为一种特殊的、复杂的物质运动必然涉及特定的空间范围，即作战空间。在无线电技术广泛运用于军事之前，作战空间特指作战行动涉及的三维地理空间，主要体现为陆地、海洋、空中等有形战场，而制陆权、制海权、制空权等有形战场控制权是交战双方重点争夺的对象。现代战争中，电磁空间与陆、海、空、天、网并称为六维战场空间，是包括电子对抗在内军事信息活动的主要依托。电磁空间基本属性对电子对抗行动具有规定与制约作用，是实现电子对抗制胜必须遵循的基本依据。

一是迅捷制效。电磁空间是由电磁波构成的物理空间。作为电磁空间的基本构成与活动载体，电磁波具有优越的传播特性。首先，电磁波传播速度极快，且较为稳定。在真空中电磁波以光速传播，在空气、液体等其他介质中的传播速度也几乎与光速相同。相比之下，声波、水波等机械波传播速度要慢很多，且受介质与温度影响波动较大。其次，电磁波的传播不需要借助任何媒介。电流必须在导体中才能传播，声波、水波等机械波必须借助空气、水等一定的介质才能实现传播，而电磁波由交替变化的电场与磁场相互作用而产生，不需要物理媒介就能实现在空间中的传播。电磁波独有的传播性能使电磁空间活动具有便捷到达、瞬时生效的可能。

对于电子对抗制胜，电磁空间的迅捷制效使电子对抗侦察对敌电磁辐射源具有瞬间发现能力。当电子对抗侦察设备与敌电磁辐射源之间符合电磁波传播条件，并且实现了对后者工作频率与方向的覆盖，只要敌电磁辐射源发射的信号传播至电子对抗侦察设备时达到一定信噪比，电子对抗侦察设备就能迅速截获，并进一步判定辐射源方位、属性等信息，为电子进攻提供情报保障。迅捷制效属性还决定了电子干扰、电磁脉冲攻击、定向能攻击等以电磁能量制敌的电子进攻手段对敌电子信息设备的瞬间杀伤效应。以压制性干扰为例，当电子干扰装备对敌电磁接收设备实现了时间、方向、频率、调制样式的对准，一旦发射干扰并且达到有效的干信比，就能瞬间对敌电磁信号接收实现压制。

二是承载信息。电磁空间在人类活动涉足电磁领域前就天然存在，由雷电、太阳黑子活动、宇宙射线等自然现象辐射产生的电磁波构成。人类掌握电磁波收发技术后，对电磁波进行改造并加以利用，将其作为信息载体用于远距离通信、探测、导航、控制等。信息时代，电磁空间已被人类改造为承载海量信息、支撑信息活动的信息空间。

电磁空间的信息承载属性是明确制电磁权内涵的基本依据。首先，制电磁权的产生始于这一属性。制电磁权定义为作战中在一定时空范围内对电磁频谱领域的控制权，而"电磁频谱领域"实质上就是由承载信息的人造电磁波所组成的电磁空间。电磁空间的信息承载属性使其具有巨大的军事价值，当军事信息活动越来越多地依托于电磁空间时，保证己方在电磁空间的信息活动需求，并使敌方在电磁空间的信息活动不能有效进行，即获取制电磁权，成为电磁空间的斗争目标。其次，争夺制电磁权同样以这一属性为着眼点。

制电磁权从属于制信息权，本质上是对以电磁波为载体的信息的控制权，因此对制电磁权的争夺属于信息控制权争夺范畴。争夺制电磁权可分为三个层面：一是针对信息本身，例如电子欺骗，旨在使敌电子信息设备接收虚假信息；二是针对信息的直接载体（即电磁波），例如压制式干扰，旨在使敌电子信息设备无法有效接收承载有用信息的电磁信号，进而无法获取信息；三是针对信息的间接载体（即各类电子信息设备），例如电子摧毁，旨在直接毁伤敌电子信息设备，使其彻底丧失处理电磁波与信息的能力。

三是多维渗透。首先，信息对于物质运动的客观反映功能以及信息对能量的依附功能，是电磁空间与其他战场空间相互渗透的前提条件。其次，现代战争中实施于各地理空间的作战行动对电磁波承载信息功能的高度依赖，是电磁空间与其他各维战场空间相互渗透的现实需求。再者，随着电子信息技术的快速发展，电子信息设备与武器平台的集成水平越来越高，网络化信息系统依托电磁空间，将疏散配置于陆、海、空、天的作战力量网聚为一个作战体系，这在相当程度上体现了电磁空间向其他作战空间全面渗透的价值所在。

电磁空间的多维渗透属性对于电子对抗制胜的影响体现在两方面。首先，电磁空间对地理空间的渗透对电子对抗制胜提出了新的范围需求。作战行动对电子信息设备的依赖，是电子对抗能够在现代战争中占据重要地位的根本原因。现代战争中的作战行动，尤其是海空作战行动，雷达探测是最主要的战场态势感知手段，无线电通信与导航几乎是唯一的通信与导航手段，因此对敌方雷达、无线电通信与导航等实施有效的电子进攻，是夺取制电磁权进而夺取制海权、制空权乃至战场全面控制权的重要途径。随着人类活动，尤其是军事行动向深海、太空、极地等领域拓展，电磁空间覆盖的范围将更加广阔，电子对抗的制胜范围也随之拓展。其次，电磁空间向网络空间渗透催生了电子对抗与网络对抗在制胜手段上的高度融合。战场信息网络是现代战争中各作战平台实现互联互通的重要保障，也是网络空间的重要组成部分。为确保各作战平台有效接入战场信息网络，仅依靠有线联网方式远远不够，必须以电磁波为媒介构建无线网络，这就促成了电磁空间向网络空间的渗透，进而推动了战场无线网络的形成，也对相应的作战手段提出了新需求。争夺网络空间主动权的主导手段是网络攻击，主要以逻辑层面的拒绝服务攻击、病毒攻击、木马植入等为攻击方式，当战场网络采用无线联网时，上述攻击方式必须以一定能量、频率与样式的电磁波为载体，实现对敌方无线网络终端的有效"接触"与"进入"。而对于战场无线网络相关技术参数特征、位置、类型等信息的感知同样要依托电子对抗侦察来实现。因此，融合电子对抗与网络对抗的网电一体战将成为夺取战场制信息权的有效手段。

四、主战装备作用原理

主战装备是作战中起主要杀伤、破坏作用的武器和武器系统。任何作战行动都要依托一定的主战装备实施，其作用原理决定了对作战对象实施杀伤、破坏的具体方式，进而规定了作战制胜的基本手段，是影响制胜机理的又一基本因素。例如火力战以火炮、导弹及其载体作为主战装备，以弹药爆炸产生热能或直接撞击产生动能为主要杀伤方式，以对敌实体目标进行火力毁伤为制胜手段。根据上文对电子对抗制胜活动主体及制胜途径的界定，电子对抗的主战装备应当定位为电子进攻装备。当前，其涵盖范围不再局限于电子干扰装备，已拓展至反辐射武器、电磁脉冲武器、定向能武器等，其作用原理与火力战装备存在一定差异，因此有必要加以分析，以探明电子对抗制胜的基本手段。

制电磁权本质上是对电磁空间内信息的控制权，而夺取信息控制权可以从信息本身、信息的能量形式、信息的设备载体三方面入手。所有电子进攻装备都服务于夺取制电磁权，上述三个方面对应了其作用原理的三种类型。

一是针对信息本身的作用原理。电磁空间已成为承载军事信息的主要领域，大量军事信息活动都在电磁空间展开，尤其是空中、海上以及太空作战行动，几乎所有重要信息都依托电磁空间获取及传递，信息内容的可靠程度是决定作战行动成败的关键因素。电子进攻装备中具备欺骗性干扰功能的装备就是针对信息本身发挥作用。此类装备的作用原理是利用有源或无源手段，生成含有虚假信息且与有用信号特征参数相同或相近的电磁信号，有意将其发射或反射至敌电磁接收设备的有效接收范围内，向敌灌输错误信息。对应的电子对抗制胜手段是，通过迷惑敌信息感知，致其判断失准并采取错误行动。

二是针对能量形式的作用原理。信息必须要以一定的能量形式为载体才能实现传递。在信息化战场，尤其是有线通信难以覆盖之处，电磁波几乎是唯一有效的信息载体，因此电磁能量是战场信息最重要的能量形式之一。压制性干扰装备就是针对信息能量形式发挥作用的电子进攻装备。其作用原理：产生瞄准或覆盖目标信号频率的高功率噪声信号，有意将其辐射至敌电磁接收设备的有效接收范围内，使敌接收机由于能量饱和而暂时失效或效能降低，从而难以检测有用信号或导致测量控制的误差增大。对应的电子对抗制胜手段是，遮断敌信息感知或传递途径，使其难以获取有效信息。

三是针对设备载体的作用原理。信息的设备载体是指具有信息生成、发送、接收、处理等功能的设备。在电磁斗争领域，信息的设备载体特指发射、接收、处理电磁信号的电子信息设备,如雷达、通信设备、导航设备等,它们是军事信息系统的重要组成部分,也是军事信息活动的重要依托。电子摧毁装备是以信息设备载体为打击目标的电子进攻装备,按作用原理可分为两类,一是反辐射武器,二是电磁脉冲武器与定向能武器。前者是电子战与火力战的有机结合,以敌辐射源产生的电磁信号引导具有辐射源跟踪、定位能力的导弹、炸弹或带战斗部的无人机直接摧毁该辐射源。后者直接以电磁能量作为火力形式,通过产生特定频段的强电磁辐射或高能波束,使一定范围内电子设备元器件由于过载而毁损,与压制性干扰相比,其能量进入部位不局限于目标电子信息设备的接收天线,且毁伤效果不可逆。反辐射武器、电磁脉冲武器与定向能武器的作用原理对应的电子对抗制胜手段是使敌彻底丧失信息活动的有效依托,强力破坏其信息能力。

第四节 内容体系构建

任何科学研究都离不开逻辑的论证与推导方法,没有逻辑思维,获得的认识只能是零散且片面的,只有运用逻辑思维才有可能建立完善的知识体系。构建电子对抗制胜机理的内容体系是本书的重点任务之一,完成这一任务需要运用一定的逻辑方法对电子对抗制胜机理进行概念划分,进而确定各子项,为后续章节的分别具体研究奠定基础。

一、概念划分

概念划分是深入研究电子对抗制胜机理的必要前提。任何概念都具有一定的内涵与外延,两者共同构成了概念的逻辑特征。内涵是概念所反映对象的本质属性，对某一概念下定义就是揭示其内涵的过程。仅仅明确研究对象的内涵还不足以支撑科学研究，需要在此基础上进一步明确研究对象包含的具体内容，即揭示概念的外延。概念划分是根据某一标准，揭示概念外延的逻辑方法。当某一概念的外延范围较大或内容较为复杂而难以逐个列举或整体考量时，就需要采用概念划分的方式来明确其外延，即根据研究对象的一定属性将其包括的内容划分为若干部分，目的是将研究对象进行细化，以便于分别具体研究。电子对抗制胜机理作为概念，所反映的对象不是实物而是抽象的理论，不便一一列举；且由于电子对抗行动对于联合作战具有全面渗透、全程参与的特征，涉及范围广、内容复杂，仅从整体上考量难以得出指向性较强的结论，因此需对其概念外延作出划分，以便分别揭示。

研究制胜机理应当是一个从划分概念到逐个揭示的过程。几乎所有相关研究成果都将制胜机理以若干子项的形式呈现，比如"攻心夺气""毁节破链""打破平衡"就是对某一类制胜机理进行概念划分而得到的子项。然而部分研究者在划分制胜机理时存在一些逻辑错误，例如划分依据不统一、各子项间内容重叠较多等，致使得出的结论逻辑性不足、体系性不强，究其原因是没有遵守概念划分的逻辑规则。为做出科学合理的划分进而得出能够有效支撑电子对抗制胜机理内容体系的子项，就要遵循必要的逻辑规则。

一是划分后各子项的外延总和应与母项外延一致。电子对抗制胜机理作为划分对象，被称为母项，划分后得出的各条目就是子项。子项外延的总和小于母项外延，在逻辑上称为"划分不全"。例如在电子对抗专业类型高度分化的信息化作战中，如果仅将电子对抗制胜机理划分为通信对抗制胜机理与雷达对抗制胜机理，就犯了划分不全的错误，因为遗漏了光电对抗、导航对抗等多个电子对抗专业。子项外延的总和若超出母项外延，同样不符合逻辑规则。如果将指挥对抗制胜机理也列为电子对抗制胜机理，就犯了"多出子项"的错误，因为指挥对抗涉及心理战、情报斗争、谋略对抗等诸多方面，已超出电子对抗范畴。

二是各子项在涵盖范围上应互不相容。划分后各子项在外延上应当没有重合部分，否则就犯了"子项相容"的逻辑错误。有学者将机动作战制胜机理分为作战力量网络化联合机理、作战兵器信息化主导机理、作战信息实时化共享机理三项。作战力量包括了遂行作战任务的各种组织、人员及武器装备，而作战兵器在外延上显然从属于作战力量，因此前两项就没有做到互不相容，以至于该划分方式的逻辑性不强。

三是每次划分遵循的依据必须统一。如果在同一层次划分中采用不同依据，划分后各子项的外延就有可能相互交叠，并在理解与使用上造成一定混乱，这在逻辑上称为"混淆依据"。有学者认为信息化战争制胜机理由信息制胜、效能制胜、速度制胜、直达制胜、联动制胜、精确制胜机理构成。这六个子项至少对应了四种不同的划分依据，信息制胜的划分依据是作战要素，效能制胜、速度制胜、精确制胜的划分依据是作战优势，直达制胜的划分依据是作战方式，联动制胜的划分依据是作战形式。由于划分依据不统一，使各子项在外延上难以区分，比如信息制胜就与其余五项都有所交叠，因此该划分有"混淆依据"之嫌。

二、子项确定

科学选取划分依据是确定电子对抗制胜机理子项的基础。大多数事物具有多方面的属性，仅从逻辑性的角度考虑，选取任一属性都能对其概念进行划分。但为确保划分后各子项具有较强的实践意义，就要透彻分析该事物的属性，结合实践需求科学选取划分依据，方能兼顾划分的逻辑性与实用性。

现有研究成果中，划分制胜机理的方式主要有三种。一是以纵向发展的时间属性作为划分依据，将制胜机理按所处战争形态进行划分，比如冷兵器战争制胜机理、热兵器战争制胜机理、机械化战争制胜机理、信息化战争制胜机理等。二是将作战对象类型作为划分依据，比如针对敌作战体系的动力源、介质性运动与外在运动，将体系破击战制胜机理的子项确定为"攻心夺气""毁节破链"及"打破平衡"。三是按作战规模划分制胜机理，比如战争制胜机理、战役制胜机理以及战斗制胜机理。

划分电子对抗制胜机理不能照搬上述方式。首先，电子对抗萌生于机械化战争，在以往的战争形态中并不存在。在信息化战争尚未演进完毕时，如果将战争形态作为电子对抗制胜机理的划分依据，会使划分过于粗放，不利于进一步具体研究。其次，电子对抗的主要作战对象是敌方电子信息系统，从类型上可分为通信系统、情报侦察系统、导航定位系统、武器控制系统等，如果据此把电子对抗制胜机理的子项确定为针对各类电子信息系统的制胜机理，将难以体现电子对抗的体系性与整体性，且各子项容易在内容上出现重叠，影响划分的逻辑性。例如通信对抗、雷达对抗、导航对抗与制导对抗都强调情报的制胜作用，都注重压制与欺骗的结合等，这些共性内容不能通过该划分方式予以区分。再次，作战规模同样不宜作为划分依据，信息时代，战争、战役、战斗的界限日渐模糊，电子对抗行动尤为如此。比如运用 GPS 干扰站对 GPS 卫星导航系统实施干扰，在兵力规模上通常属于战术级行动，却有可能产生战役级甚至战略级的作战效果，因此难以将其制胜机理按作战规模进行归类。

确定电子对抗制胜机理的子项应当注重三方面因素。一是划分结果需符合电子对抗的本质属性，体现电子对抗制胜的特殊性。二是着眼信息化局部战争这一背景，把握电子对抗的时代内涵。三是兼顾电子对抗的专业分化与体系集成。我们认为，宜将电子对抗制胜过程中能量的流转性作为划分依据，确定电子对抗制胜机理各子项。

在自然科学领域，能量被定义为度量物质运动的一种物理量，即物质做功的能力。在作战理论研究领域，能量的涵义已超越了"一种物理量"，被引申为作战力量制胜能力的外在表现形式，如体能、机械能、信息能等。信息化作战的本质主要体现为信息制约下能量的释放与转移，在电子对抗制胜过程中，能量的流转性体现的尤为明显。电子对抗制胜是一个由谋势—聚力—释能—生效四个步骤组成的能量流转过程。

谋势是指通过优势兵力的动态集中、有利空间格局的占据以及侦控打评流程的整体优化，谋求一定范围内的有利形势，从而使电子进攻方在实施电磁打击行动之前，获取更大的"势能"，实现能量的先期增益。聚力是指通过作战平台、作战系统与作战体系三个层次的集成，涌现出克敌制胜的体系对抗能力。释能是指将用于电磁打击的能量由内聚状态转化为外释状态，即转化"能力"为"火力"，具体包括能量聚焦、能量运用与能量控制。生效是电子对抗能量流转的末端，是指将能量释放于作战目标后，对敌产生的毁伤、欺骗、威慑等制胜效果，是能量流转的最终目的所在。

如图 1-1 所示，以电子对抗制胜过程中能量的流转性为划分依据，对应能量流转的四个步骤，将电子对抗制胜机理的子项确定为**聚优谋势、多元集成、精确释能、多域显效**，以此构建电子对抗制胜机理的内容体系框架。在后续章节，将对各项制胜机理的基本内涵及其对应的内在依据与实现途径分别做具体研究。

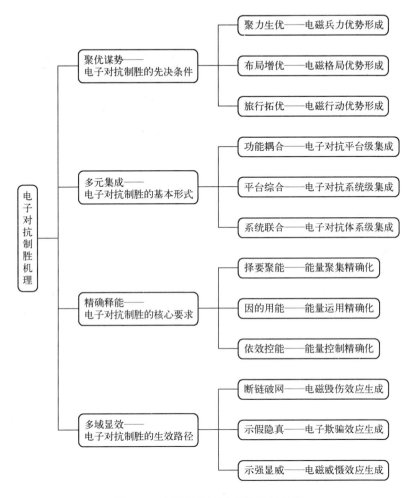

图 1-1　电子对抗制胜机理内容体系

第二章 聚优谋势——电子对抗制胜的先决条件

制胜是先谋取制胜之势再将其转化为胜利结果的过程，尽管胜势本身不代表制胜，但无疑是制胜的重要筹码。对于电子进攻方而言，电子对抗制胜之势是指在电磁斗争中强于电子防御方，且有利于夺取制电磁权的有利形势，而谋取这一胜势，电子进攻方需要集聚多个方面的优势。聚优的目的是谋势，而谋取电子对抗制胜之势可令电子进攻方在实施作战行动之前获得较大的"势能"，更有利于夺取制电磁权，简言之，聚优谋势是电子对抗制胜的先决条件。从能量流转的角度，聚优谋势应作为电子对抗的首要制胜机理进行阐述。

第一节 基本内涵

谋势源于聚优。对于聚优谋势机理内涵的解析可从电子进攻方相对于电子防御方可能形成的若干方面优势为着眼点。兵力、格局与行动是电子对抗攻防双方形成对抗关系的三个主要方面，电子进攻方只有形成相对于电子防御方的电磁兵力优势、电磁格局优势与电磁行动优势，才有可能谋取制胜之势。与上述三方面优势依次对应，可将聚优谋势解析为聚力生优、布局增优与施行拓优。

一、聚力生优——电磁兵力优势形成

战争是敌对双方多重因素的综合对抗,但双方兵力的对抗始终是最直接的较量,对胜负的影响也最为明显。兵力优势是战争制胜的客观基础,是敌对双方均高度重视并积极谋取的重要因素。电子对抗中,兵力优势的制胜机理可概括为"聚力生优",即电子进攻方聚合一定数量的优质兵力,形成相对于电子防御方的兵力优势,能为电子对抗制胜奠定坚实的物质基础。

(一)兵力优势的含义

在军事领域,力量与兵力是一对含义相近的概念。"力量"一词源自运动生理学,原指肌肉紧张或收缩时对抗阻力的能力。在社会科学领域,尽管对力量的定义不尽相同,但大多体现了"在阻力中发挥效能"这一本质,诸如统治力量、抢险力量、执法力量等。在军事领域,力量特指国家或政治集团用于遂行军事任务的各种组织、人员及其武器装备等的统称,其面临的阻力来自敌方或作战环境,发挥的效能是战斗力,因此同样契合了力量的本质。兵力是军队人员及其武器装备的统称,通常以建制单位或人数表示,与力量相比,其内涵更加形象、具体,且便于从数量上进行分析。因此在研究某些具体作战问题时,通常用"兵力"一词指代作战力量。

兵力优势是指作战中一方在兵力对比方面优于对方的状态和形势。无论战争形态与作战形式如何演变,无论作战样式如何,兵力始终是一切军事行动的物质基础。根据主要职能与核心手段的差异,可将兵力划分为作战兵力与保障兵力两类,前者主要遂行以攻击或抗击敌方为目的的作战任务,以对敌实施直接打击为核心手段;后者主要遂行直接服务于作战行动的保障任务,以对己实施各类保障行动为核心手段。基于上述划分，可将兵力优势归纳为三种类型：一是一方作战兵力相对另一方作战兵力的优势，比如科索沃战争中美军空袭部队相对南联盟防空部队在交战中体现出的优势。二是一方保障兵力相对另一方保障兵力的优势，比如解放战争中我军情报机构与国民党军队情报机构在情报斗争中体现出的优势。三是一方作战兵力相对另一方相应保障兵力的优势，或是后者相对于前者的优势，比如美军网络攻击力量对伊朗核设施展开网络攻击过程中，相对于伊朗网络防护力量体现出的优势。

（二）电磁兵力优势的定义

电磁兵力优势是电子对抗力量在兵力对比方面优于敌方实施电子防御的信息保障力量的状态与形势，简言之，就是电磁斗争领域中电子进攻方相对于电子防御方的兵力优势。

电磁兵力优势属于一方作战兵力相对另一方相应保障兵力的优势。电子对抗攻防双方本身都以兵力的形式存在，电子对抗行动归根结底体现为电子进攻方与电子防御方兵力的较量。需要注意的是，电子进攻与电子防御与一般意义上的进攻与防御存在本质区别。一般意义上的进攻与防御是按作战任务区分的两种作战类型，例如岛屿进攻与岛屿防御，同一支部队根据作战需求，既可以承担进攻任务也可以承担防御任务；而电子进攻与电子防御是以作战手段为界定依据，对应一定的措施与行动，具有攻防主体分离的特性。电子进攻方并非在进攻作战中遂行电子对抗任务的力量，而是以电子进攻为作战手段的力量，无论是在进攻作战任务还是防御作战任务中都履行电子进攻职能；电子防御方亦是类似。作为电子对抗制胜活动的主体，电子进攻方主要由电子对抗力量构成，以电子干扰与电子摧毁主动进击敌方为核心手段，属于作战力量范畴；作为电子进攻方的主要作战对象，电子防御方是以一定用频设备为依托的信息保障力量，以遂行情报保障、通信保障、指挥控制保障等任务为核心职能，属于保障力量范畴。

（三）电磁兵力优势的形成要素

一是电磁兵力数量优势，即电子进攻方在电子对抗行动中对敌电子防御方在兵力数量对比上形成的以多敌少的有利形势。理解电磁兵力数量优势要注意两个问题，首先是在哪一方面的数量上形成优势。兵力以装备为根本依托，遂行电子对抗侦察与电子进攻任务的电子对抗装备是构成电子进攻方兵力的物质基础。尽管电子对抗力量是用于遂行电子对抗任务的各种组织、人员及武器装备的统称，但在一定程度上可用装备数量优势指代数量优势，例如以通信对抗装备数量相对于目标通信电台数量的优势指代通信对抗力量相对于敌通信保障力量的兵力数量优势。其次是在什么范围内形成优势。信息化作战对电子信息系统高度依赖，几乎所有作战力量与保障力量都配备了各类用频设备，导致战场空间中电子信息系统的数量规模达到了空前的程度。电子对抗力量作为联合作战力量的组成部分，在装备数量上必然远远落后于敌用频设备总量，只有在特定时间、空间、频率范围内，通过合理的编组与部署，才有可能形成对敌电子防御方的兵力数量优势，因此形成电磁兵力数量优势的范围必须要限定于某一具体电子对抗行动中，而不是联合作战全局。

二是电磁兵力质量优势，即电子进攻方在电子对抗行动中对敌电子防御方在兵力质量对比上形成的以优敌劣的有利形势。形成作战能力的关键之一即人与武器装备的有效结合，因此应从人与装备两方面认识电磁兵力质量优势。一方面是人员素质优势。具体体现为电子对抗指挥员与战斗员在业务素养、作战经验、应变能力等方面相对于敌信息保障力量相关人员或是其保障对象中相关人员的优势。电子对抗力量以电子进攻为核心任务，所属人员的培养与训练均围绕这一任务需求展开，具有较强的专业性；而信息保障力量以通信保障、情报侦察、指挥保障等为核心任务，对自身电子信息系统的电子防御不属于其核心任务范畴，其所属人员的培养与训练也主要针对保障任务遂行能力而展开，因此相比电子进攻方，专业性方面不占优势。另一方面是装备性能优势。首先是电子对抗侦察装备的侦察能力相对于目标电子信息系统反侦察能力的优势；其次是电子干扰装备的干扰能力相对于目标电子信息系统反干扰能力的优势；再次是电子摧毁装备的摧毁能力相对于目标电子信息系统反摧毁能力的优势。电子对抗双方装备性能的对比是一个交错上升的过程，某一电子对抗新装备投入使用之初带来的性能优势，必然激发电子防御方相应防御技战术手段的涌现，因此宜将新型电子对抗装备集中隐蔽部署于主要作战方向，在关键时节突然启用以形成装备性能优势，致使敌无从防范。

二、布局增优——电磁格局优势形成

上文所述的兵力对比关系是攻防双方在实施对抗之前，总体力量上一种静态的、孤立的对比关系。兵力优势，尤其是兵力质量优势主要取决于平时的战斗力建设，难以在短暂的作战实践中得到本质提升。而交战格局关系则是攻防双方通过将一定数质量的兵力布设在一定时空局部而形成的一种动态的、系统的对比关系，与之对应的格局优势体现了指挥员运用力量的技能与艺术，是作战实践中应着力谋求的主要优势之一。在电磁斗争领域，格局优势的制胜作用尤为明显，电子进攻方通过对关键时空节点与频段的正确预见以及电子进攻配系的科学组建，构设有利于己方的电子对抗格局，可形成局部绝对力量优势，并充分发挥所属兵力兵器的作战效能，从而强化胜势，是谓"布局增优"。

（一）格局优势的含义

格局原指结构和格式，后被引申为具有竞争关系的双方或多方经过布建后形成的相互制约的宏观态势，如世界格局、经济格局等。在军事领域，格局通常被理解为交战格局，即敌对双方通过对作战力量进行作战编组和战场分布所形成的力量布局及其对抗形势，体现了双方兵力进入阵位后形成的态势。基于上述定义，**可将格局优势理解为作战中一方在力量布局方面优于对方的状态和形势。**

根据作战规模，交战格局可区分为战争格局与战役战斗格局。战争格局是指战争双方通过对作战力量、物资、设施等进行战略性全局配置后，形成的相互制约、相互作用的力量布局与对抗形势，具有形成耗时长、力量规模大以及相对稳定的特点。战役战斗格局是指攻防双方通过对兵力兵器等进行具体配置后，在战役战斗中形成的相互制约、相互作用的力量布局与对抗形势。战役战斗格局建立在战争格局基础上，具有形成耗时较短、力量规模相对有限以及变化较快的特点。

据此，可将格局优势区分为战争格局优势与战役战斗格局优势。战争格局优势是指战争中的一方，通过对作战力量、物资、设施的全局配置，在宏观局面上形成的优于对方的状态与形势，主要涉及战区划分与设置、军事力量宏观配置、主要战略方向确定等方面。伊拉克战争正式打响前，美英联军耗时 6 个多月，通过作战力量预置、远程兵力投送与集结等行动建立的格局优势就属于战争格局优势范畴。战役战斗格局优势是指作战中的一方，通过对部分作战力量进行具体配置后，在具体行动布局上形成的优于对方的状态与形势，主要涉及关键时空节点预见、战场空间利用、兵力兵器配置等方面。以海湾战争中的收复海夫吉战斗为例，联军在战前 12 小时内完成对守军的封锁，通过空地多兵种联合部署，迅速有效地形成了相对于伊军的格局优势，为战斗胜利奠定了基础。

（二）电磁格局优势的定义

电磁格局优势是指电子进攻方在力量布局方面优于敌电子防御方的状态与形式。

电子对抗制胜视角下，电磁格局是指电子对抗攻防双方通过作战编组和战场分布所形成的力量布局，体现了电子对抗攻防双方兵力进入阵位后形成的攻防对抗态势。构成电磁格局的对立双方是电子对抗力量与使用电子信息设备的敌方信息保障力量，前者以电子进攻为核心职能，后者在电子对抗中专司电子防御，因此电磁格局具有单向攻防与直接对抗的属性。容易与电磁格局相混淆的一个概念是"电子对抗态势"，其定义为在一定战场时空范围内，敌对双方电子对抗力量部署、行动所形成的状态和形势。电子对抗态势的构成主体是双方电子对抗力量，均以向对方实施电子进攻为核心职能，相互间不构成直接对抗关系，与电磁格局存在本质区别。

电磁格局属于战役战斗格局范畴。尽管电子对抗在力量构成上包括了电子侦察卫星、定向能武器等战略战役级武器装备；电磁威慑、电磁造势等电子对抗行动体现出一定的战略目的，但电子对抗力量从属于联合作战力量、电子对抗目的服务于联合战役或战斗目的的基本定位暂未改变，电子攻防行动规模与效果相对有限的基本属性暂未改变。

(三) 电磁格局优势的形成要素

一是电磁斗争关键性局部的力量优势。正如列宁所言,"在决定时机和决定地点拥有压倒优势——这是取得军事胜利的'规律'。"集中优势兵力是掌握战场主动权、克敌制胜的重要原则,其实质是将优势作战力量集中投至战场的关键局部。在传统作战领域,关键局部主要指时间与空间上的关键节点;优势作战力量主要体现为数倍于敌方的兵力。在电磁斗争领域,关键局部是一定时段、空间范围与频谱范围的交集,在这一交集中投入优势作战力量对谋取电子对抗制胜之势乃至支撑联合作战整体布局具有促进作用;优势作战力量主要指以一定数量先进电子对抗装备为依托的精锐电子对抗力量,其平台数量不一定要在总体上超过敌方,但对于重点目标,必须在任务区域与频谱范围内实现有效覆盖,在能量上实现强力压制,在时效上实现及时发现与跟踪。

二是电磁配系优势。配系是指作战时按一定的任务和要求,对兵力、火力、障碍物等进行分工和配置所形成的系统。电磁配系优势是指电子进攻配系在系统结构以及与地理环境的结合等方面相对敌电子防御配系的有利形势。电子进攻配系是电子对抗力量的一种临战或战时形态,以遂行电子进攻任务为根本构建目的,通常以电子对抗部队架构为基础,具有较强的专业性与平战一致性。电子防御配系主要依据各电子信息设备所属保障力量或作战平台的部署而构建,并没有常设的专职电子防御指挥机构,通常由联合作战指挥机构中的信息化部门根据电子防御任务需求进行筹划,由各电子信息设备所属部队临时组成。由于涉及众多单位,且各单位在平时相对独立,仅在战时根据电子防御需求进行整合,因此无论是在专业性还是平战一致性上,电子防御配系的系统结构都要逊色于电子进攻配系。另外，电子进攻方主要由专业电子对抗力量构成，以电子进攻为核心职能，构设作战布局的首要出发点就是提升攻击效能、占据对抗先机，电子进攻配系就是电子对抗指挥员针对敌电子防御方部署情况，为谋取电子进攻先机，对我电子对抗力量进行科学布局的结果。而电子防御方主要由使用电子信息设备的信息保障力量或作战平台构成，其配置兵力兵器的首要考虑因素是被保障方的需求，而非电子防御效果。以防空雷达网为例，各雷达站选址时首先考虑对指定空域的侦察效果，在此基础上兼顾雷达反侦察、反干扰、反摧毁等因素，因此在与地理环境的结合方面，电子进攻配系同样具备了占据优势的更大可能。

三、施行拓优——电磁行动优势形成

兵力优势与格局优势不会自发转化为胜利，必须通过一定的作战行动实现这一转化。行动优势是兵力优势与格局优势的归宿，也是基于兵力优势与格局优势高效实施作战行动的关键。可以说，没有行动就没有胜利，缺乏行动优势就降低了行动的主动性与有效性，进而影响制胜。电子进攻方占据了行动优势就意味着能实施快于敌方、精于敌方的作战行动，可进一步拓展优势，直接促进电子对抗制胜，即"施行拓优"。

（一）行动优势的含义

实践意义上的行动是指某一主体为实现特定意图而进行的活动。军事行动是以武装力量为主体，为完成军事任务而进行的有组织的活动。在军事行动范畴内，以作战力量为主体，旨在完成一定作战任务而进行的有组织的活动就是作战行动。制服敌人取得胜利必然要通过一定的作战行动来实现，在行动筹划与实施上取得优势

对于作战制胜具有直接性的促进作用。**行动优势是作战中的一方在作战行动筹划与实施方面优于对方的状态与形势**,尽管其本身并不必然导致具有制胜效应的行动效果,但具有行动优势的一方将更有可能通过一定的作战行动取得这种效果。

军事学术界对于现代战争中行动优势的认识经历了一个不断深入的变化过程。从第二次世界大战至越南战争期间,火力打击优势被认为是行动优势的重点。20世纪70年代,在核威慑条件下,防护优势成为构建行动优势的基础。20世纪80年代,在美军全球化战略的影响下,机动优势受到高度重视。信息化局部战争中,信息已经取代物质与能量成为制胜的主导要素,信息能力已成为提升并融合打击能力、防护能力与机动能力的重要军事能力。因此,将行动优势按行动要素拆分为打击优势、防护优势、机动优势分别进行研究已难以契合信息化作战的一体联动特性,应当将作战行动的筹划与实施视为一个行动链路,着眼信息流动对该链路的引导与优化作用,从链路运行速度与精度的角度整体考量行动优势的内涵。

(二)电磁行动优势的定义

电磁行动优势是电子进攻方在作战行动筹划与实施方面相对敌电子防御方的优势。

电子对抗制胜视角下,电子进攻方的主要作战行动就是围绕夺取制电磁权展开的电子对抗侦察与电子进攻行动。其中电子对抗侦察是行动链路的起点,并起到全程提供情报保障的作用,电子进攻是行动链路的施效环节,是生成电磁打击效果的直接途径,除此之外还需要一系列判断、决策、控制、评估等行动以构建完整的行动链路。电子防御方的主要作战行动是以保护己方电子信息系统正常发挥作战效能而采取的反电子侦察、反电子干扰、抗电子摧毁等行动。尽管电子进攻方与电子防御方的行动链路在内容与功能上存在本质区别，难以对具体环节建立统一标准实施评估，但两者在多个环节存在直接对抗性，比如电子对抗侦察与反电子侦察、电子干扰与反电子干扰、电子摧毁与反电子摧毁，因此可着眼对抗性，从行动链路的整体运行效能上对两者进行对比，而电磁行动优势正是这一对比可能产生的结果。当电子进攻方通过行之有效的作战行动筹划与实施，构建了相对于敌电子防御方更加快速、精确的行动链路，即意味着电子进攻方占据了电磁行动优势。

（三）电磁行动优势的形成要素

一是电磁行动速度优势，即电子进攻方相对敌电子防御方在从感知、判断、决策到施效的行动流程中，形成的以快制慢的有利形势，简言之，即具有快于敌电子防御方的行动流程。一方面是电子进攻方完成行动流程各环节的速度优势，包括：在感知上，先于敌电子防御方探明对方存在并及早获取相关目标情报；在判断上，判明情况、掌握态势所用的时间少于敌电子防御方；在决策上，制定计划、下达指令的速度快于敌电子防御方；在施效上，落实计划、执行指令的速率优于敌电子防御方。另一方面是电子进攻方衔接行动流程各环节的速度优势，主要指由情报获取向情况判断的转化时间短于敌电子防御方；由情况判断到决策生成的时延少于敌电子防御方；从下达指令到实施行动的反应速度快于敌电子防御方；从实施行动到效果反馈的实时性优于敌电子防御方。

二是电磁行动精度优势，即电子进攻方相对敌电子防御方在感知、指控、施效等活动中形成的以精确制粗放的有利形势。首先是感知精度优势，即电子进攻方对敌电子防御方相关情况的掌握程度要精于敌对我电子进攻方相关情况的掌握程度。例如对敌雷达实施无源电子侦察的同时对我雷达对抗装备实施有效隐蔽，使敌方对我雷达对抗力量呈现单相透明状态。其次是指控精度优势，即电子进攻方组织筹划、控制协调等主观指导活动与战场客观实际的符合程度要优于敌电子防御方。再次是施效精度优势，即电子进攻方运用的电子进攻手段与目标电子信息系统在工作时间、方位、频率、信号样式等方面的匹配精度，超过了敌电子防御手段对该电子进攻手段的匹配精度。

第二节 内在依据

一、电磁兵力优势的静态支撑作用

兵力是遂行一切作战任务的物质基础，其数量与质量水平对作战行动的发起、进程与结局起决定性制约作用，并影响作战的规模、类型、样式等。电子对抗自 1904 年日俄海战登上战争舞台以来，尽管主战装备更新换代、作战背景逐步演变、作战理论推陈出新，但电磁兵力优势始终是影响电子对抗制胜的最基本因素，对制胜电子对抗具有静态支撑作用。

（一）兵力数量优势的保障作用

兵力数量优势是构成兵力优势的基础，是制胜的基本保障。即使在高度倚重装备技术水平与体系化程度的电磁斗争领域，兵力数量优势仍被视为基本制胜因素之一，是谋取胜势的基本前提。海湾战争中，美军调集了大量电子战兵力，主要有 7 个海军电子战飞机中队、3 个空军电子战飞机中队、陆军军事情报与电子战部队 3 个旅又3个连，电子战人员总数超过11500人；仅空天电子战装备一项，就配备了至少12颗电子侦察卫星与140余架电子战飞机。如此大规模的电子战兵力，为美军在"沙漠风暴"空袭行动中成功夺取制电磁权奠定了坚实的基础。

形成电磁兵力优势的实质是一个"聚力"的过程，"聚"是集中、聚合；"力"则指代一定数量的电子进攻兵力，是指挥员进行任务区分、编组、配置的直接对象。在电子对抗行动中电子进攻方如果能在决定性的时间、空间与频域有效形成相对敌电子防御方的兵力数量优势，就利于建立优势，反之，则较有可能处于劣势。首先，用于电子进攻的兵力数量是兵力质量的基本依托，没有一定的数量作保证，兵力质量优势将难以发挥；而在电子攻防双方兵力质量相当的前提下，兵力数量优势将直接提升电磁兵力优势。其次，占有兵力数量优势能增大电子进攻方兵力投入的范围与力度，有助于在时域、空域与频域三方面拓展夺取制电磁权的范围。再次，电子进攻方在占有兵力数量优势的前提下，可以保留一定规模的预备队，使其担任机动作战任务，或是在战场情况发生重大变化时视情投入使用，以保持战斗力，确保既定目标的完成。

（二）兵力质量优势的决定作用

在传统作战领域，兵力数量与兵力质量的关系被理解如下：交战双方在兵力数量相差无几的情况下，质量好的一方占有一定优势；兵力质量处于劣势的一方可以用兵力数量弥补质量的不足。例如数艘中小型作战舰艇通过群起攻之的"狼群"战术可以击沉单位作战能力更强的战列舰，这体现了传统海战中兵力数量优势对兵力质量差距的弥补作用。然而信息化战场电子信息设备的高度专业化与尖端技术性，决定了在电磁斗争领域中兵力质量的差距较难用数量优势来弥补，如果不具备一定的兵力质量，即使坐拥绝对数量优势也难以实施行之有效的电子进攻。科索沃战争中，南联盟军队拥有一批老旧的苏制雷达对抗装备以及大量简易无源干扰器材，但面对美军高度体系化、网络化的指挥信息系统，根本无法组织起行之有效的电子进攻，对美军侦察探测、通信、导航定位、武器制导等用频设备效能的削弱与破坏作用微乎其微，究其根本原因，正是由于缺乏先进的电子对抗装备与专业电子对抗人才，导致电子对抗攻防双方在兵力质量上出现了"代差"，且这种差距已无法用数量去弥补。信息化局部战争中，电子进攻方兵力质量优势对电子对抗制胜的支撑作用已超过兵力数量优势，在电磁兵力优势要素中居于主导地位，凸显了"精兵制胜"在高技术作战领域的决定性效应。兵力质量优势对电子对抗制胜的决定作用应当从电子对抗装备性能与作战人员素质两方面进行剖析。

首先，装备性能决定了电子对抗力量的施效领域以及可攻击的目标范畴。一方面，信息化作战对战场电磁空间的利用程度是空前的，各种用于信息传递或目标探测的电磁波覆盖了从极低频到甚高频在内的多个频段，以及从太空到水下的多维空间。电子进攻方为有效遂行任务，必须以对敌方用频设备电磁辐射信号的有效感知为前提，而电子对抗侦察装备对敌电磁辐射信号的截获、识别与参数测量功能，制约了电子进攻方态势感知的领域，进而制约了施效领域。以航天电子对抗为例，如果相关电子对抗装备不具备有效感知敌卫星信号的性能，电子对抗力量就从根本上丧失了对太空领域的"进入能力"，有效释能更是无从谈起。另一方面，随着电子信息技术的发展，扩频、捷变频、猝发通信等技术相继投入实战，战场用频设备的反侦察、反干扰性能迅速提升，电子对抗装备能否"跟得上""瞄得准""压得住"直接制约了可有效实施电磁打击的目标范畴。以干扰敌预警机与地面部队的空地通信为例,由于预警机在通信时具有升空增益的优势,如果干扰功率不足,就难以在敌通信接收端达到有效的干信比,干扰装备只有具备足够功率,才有可能实现有效干扰。

其次,人员素质决定了电子对抗力量作战效能的发挥程度。电子对抗装备是组建电子对抗力量的基本依托,但仅有武器装备还不能称之为作战力量,电子对抗装备只有与具备一定专业素质的作战人员有机结合才能形成战斗力。如果说电子对抗装备性能制约了电子进攻方的作战潜能,那么以电子对抗指挥员为代表的电子对抗作战人员的素质,则决定了这一潜能的发挥程度。人员素质的制胜作用体现在三方面:一是"懂物理"——合理运用电子对抗装备的原理支撑。懂物理是指电子对抗指挥员了解电子对抗装备的主要作用原理,能够根据具体情况合理运用装备,有效发挥其作战效能。电子对抗装备能否有效发挥效能,要以电磁能量能否进入敌信息系统工作流程为前提,因此指挥员必须了解所属装备的作用原理,即做到懂物理,才能判断装备运用的条件是否具备,进而为作战决策提供支撑;反之,装备作战效能的发挥就要受限,甚至导致错误决策。二是"明事理"——科学筹划电子对抗行动的效率保证。明事理是指电子对抗指挥员能够有效掌握并合理运用组织筹划电子对抗行动的方法,使电子对抗作战体系内部各组分协调高效运转。电子对抗涉及对象众多、各种行动交织,组织筹划较为复杂,电子对抗指挥员不仅要懂物理以确保具体装备发挥效能,更要站在明事理的高度,重点关注各作战要素间的关联,科学统筹安排各作战单位间的协作,方能使电子对抗力量涌现出体系作战能力;若"事理不明",即便装备性能占优,也难以使各作战力量成为有机整体,从而无法将优势转化为战斗力。三是"通人理"——有力促进电子对抗制胜的人本途径。通人理，一方面是指能够对电子对抗目标群体进行有效的心理与行为分析。电子对抗指挥员善于根据具体情况分析敌指挥员心理，有助于有效洞察其企图、预测其行动，骗敌不备、慑敌所惧，进而巧妙实施电子欺骗与电磁威慑行动，通过迷惑感知、攻心夺气，事半功倍的实现电子对抗制胜。"通人理"的另一方面是指在与己方各级相关人员共事的过程中，能够正确认识并恰当处理各种人为因素，将其转化为作战制胜的人本筹码。电子对抗指挥员正确领会联合作战指挥员意图，在组织筹划电子对抗行动时充分考虑同本级建立支援、保障或协同关系的其他作战力量指挥员对电子对抗行动的期望与认同，有助于将电子对抗行动更好地融入联合作战行动之中，获取其他作战力量的有效支持；电子对抗指挥员注重对所属人员士气、意愿、主动性等人为因素的分析，更有利于调动所属人员的积极性与创造性。若"人理不通"，则较有可能因为缺乏上级与友邻的充分信任与支持，或是由于电子对抗力量内部产生"内耗"而影响制胜。

二、电磁格局优势的整体优化作用

纵观人类战争史，总体兵力占优一方由于布局失误，使战斗力没有得到充分释放，导致不能将优势转化为胜利的战例不在少数；反之，总体兵力居于劣势一方，通过合理布局、科学配系，以弱胜强的战例屡见不鲜。究其原因，主要在于力量布局对制胜的影响作用。在联合作战整体层面，电子进攻方的总体规模上远不及敌电子防御方，因此更需着眼形成局部力量优势，建立科学的电子进攻配系，从而发挥电磁格局优势的制胜作用。根据其形成要素，电磁格局优势的制胜依据主要体现为关键局部优势与电子进攻配系两个方面的整体优化作用。

（一）关键局部优势的聚优作用

首先，形成关键局部优势是电子进攻方聚合能量、有效破敌的必要前提。毛泽东曾指出："以少击众，以劣势对优势而获胜，都是先以自己局部的优势和主动，向着敌人局部的劣势和被动，一战而胜，再及其余，各个击破，全局因而转成了优势，转成了主动。"尽管夺取制电磁权并非能由"积小胜为大胜"的"各个击破"而实现，但形成对敌局部优势同样是电子对抗制胜的重要准则。一方面，电子对抗时域上贯穿联合作战行动始末，空域上覆盖从太空到水下的广泛地理空间，频域上几乎涉及人类能够进入并运用的所有频段。电子进攻方力量规模、作战能力的有限性使其无法在全时空、全频段范围内全面展开行动，否则势必造成作战能量的高度分散，只有根据作战需求与自身实际，合理限定实施电子对抗行动的时域、空域和频域，才有可能有效聚合作战能量，在一定局部形成决战决胜的能力。另一方面，随着战争信息化进程的加速，运用于战争行动的各类电子信息系统在数量规模上达到了空前的程度。面对高度信息化的潜在对手，我电子进攻方不可能也没有必要与之展开全盘对抗，而应当选取敌网络化信息系统中对其整体结构与功能具有决定作用的若干关键节点为重点目标，对其实施有效毁瘫。如果全面出击，势必导致攻而不克，难以实现体系破击，只有以关键局部优势为基础，在一定时域、空域和频域对敌关键节点集中释放足够强大的作战能量，方能实现有效破敌。

其次，电子进攻方形成关键局部优势是谋取联合作战整体力量优势的有力支撑。联合作战整体力量优势与关键局部电子对抗力量优势是系统与要素的关系，前者以后者为关键组分，对后者具有规定作用；后者隶属于前者，对前者具有支撑作用。这种支撑作用可从正反两方面说明。形成关键局部电子对抗力量优势能够有效促进其他作战力量优势的作用发挥。科索沃战争中,美军通过部署大批先进的天基电子战装备以及电子战飞机,在空袭行动中形成了相对南联盟军队的局部电子战力量绝对优势。事实证明,这一优势直接奠定了制电磁权的获取,进而保证并促进了美军主要空中打击力量精度优势、强度优势与速度优势的发挥。反之,关键局部电子对抗力量优势的缺失则可能导致其他作战力量优势被弱化甚至被剥夺。海湾战争中,伊拉克军队在总兵力占优、单个武器装备质量不落下风的情况下全盘皆输,一个重要原因就是完全丧失了电子战力量优势,在制电磁权的争夺中彻底处于下风。由于缺乏电子战力量的支援与掩护,伊军指挥机构失去了对所属作战力量的有效控制,造成大批部队群龙无首、一击即溃,兵力数量优势无从发挥。

(二) 电磁配系优势的强化作用

首先,形成配系优势有助于电子进攻方强化体系对抗能力。信息化战场,电子进攻方通常由通信对抗、雷达对抗、光电对抗、导航对抗等多专业力量混编而成,涉及多种类型、多个型号的电子对抗装备,以敌综合化、体系化电子信息系统为作战对象。电子对抗装备大多针对特定作战对象研发,通常只能在特定领域针对特定目标实施有效电磁打击。为在关键局部对敌电子防御方实施全面压制,电子进攻方必须将整体作战目的细化为各作战单元或平台的具体任务,通过构建电子进攻配系实现多个专业电子对抗力量的综合集成、电子对抗侦察与电子进攻的无缝连接、电子干扰与电子摧毁的有机结合,从而在与敌电子防御方的体系对抗中占得先机。

其次,形成配系优势有助于发挥各电子对抗装备作战效能。电磁波是电子对抗装备施效的基本媒介，电子对抗侦察以电磁波为信息载体；电子干扰、定向能攻击以电磁波为能量形式；反辐射摧毁以电磁波为打击导引。电磁波的传播受地形地貌影响较大，因此根据电磁波传播特性，充分发掘战场地理环境对电子对抗装备作战效能的提升作用，同时避免其不利影响，是电子进攻配系的又一基本功能。以"升空增益"为例，信息化战场，电子进攻配系在配置上更加突出立体化，强调使用机载电子对抗装备实施航空电子对抗，其目的正是利用电磁波传播的"升空增益"效应，通过居高临下的电子对抗侦察与电子进攻，高效获取战场电磁态势信息、提升电子进攻效能。

三、电磁行动优势的动态增益作用

电磁兵力优势为夺取制电磁权提供了物质依托，电磁格局优势对电子进攻方作战效能具有增益作用，但上述两种优势仅仅为电子对抗制胜奠定了基础、提供了可能，如果缺乏行之有效的电子对抗行动，制胜的可能性再大也不会自发转变为现实。电磁行动优势能够为夺取制电磁权作战行动的效能提供动态增益，具体体现为行动速度优势的限敌作用与行动精度优势的增效作用。

（一）行动速度优势的限敌作用

"兵之情主速，乘人之不及。"自古以来，兵贵神速作为制胜要诀始终被兵家奉为圭臬。具体到电磁斗争领域，电子对抗攻防双方谁能更好地实现对态势变化的迅速反应以及作战行动各流程的无缝链接，谁就更有可能适应信息化战场电子对抗紧促的作战节奏，在对抗中占得先机，反之则更有可能处处被动，陷入不利。

首先，形成速度优势能够使电子进攻方更加高效的应对态势变化,尤其是针对作战对象情况变化做出更快的反应,在行动的时效性上领先敌电子防御方。相对敌电子防御方较快的完成态势感知,意味着电子进攻方可获取更具实时性的情报,并通过先敌发现争取更多的行动筹划时间;较快地完成判断与决策,意味着电子进攻方可实施更贴合态势变化的指挥控制,更有可能通过先敌行动占据主动;较快地完成评估反馈,意味着电子进攻方可对作战行动实施更及时的调整,更有可能在电子对抗攻防双方的拉锯战中尽快找到最佳制胜方法。

其次,形成速度优势使电子进攻方能够快于敌电子防御方,实施"感知—判断—决策—施效"的行动流程,始终使己方行动流程的循环周期处于敌方循环周期之内,以此主导作战节奏,限制敌电子防御行动效能发挥。具体体现如下:当敌电子防御方还在应对我电子进攻方上一轮电磁打击,甚至还未实施有效防御措施时,新一轮电磁打击就接踵而至,下一轮电磁打击已蓄势待发,致使敌始终疲于被动应付,或是陷入"感知—判断—再感知—再判断"的低效循环,无法进入决策与施效环节。

(二)行动精度优势的增效作用

信息化局部战争中,电子对抗行动在感知、指控与施效等多个环节中表现出明显的精确化特征,精确已成为电子对抗最重要的制胜砝码之一,与之相对应,精度优势是电子进攻方为提升行动效能必须重点谋取的优势。

首先,具有感知精度优势有助于电子进攻方获取更为准确的电子对抗情报,从而为指控、施效行动的高效实施奠定基础。一方面,获取电子对抗情报的本质是对电磁战场敌情的认识,情报越准确,对敌情的认识就越客观。而指控行动是电子对抗指挥员主观见诸于客观的表现，客观准确的电子对抗情报是电子对抗指挥员主观指导符合电磁战场客观实际的基本前提，在此基础上才有可能制定出科学合理的电子对抗行动计划，并施以精确有力的控制协调。另一方面，准确的电子对抗情报能为电磁打击提供有效的目标引导，确保并提高电磁打击效能。比如，准确掌握敌用频设备的频率与方位信息，有助于将干扰能量聚焦于重点频域和空域以提升压制性干扰效果，或是提高电子摧毁的打击精度；对目标信号调制样式、极化方式、脉内特征等工作方式的具体掌握，能为"灵巧干扰"以及欺骗性干扰的奏效提供必要的情报保障。

其次，具有指控精度优势有助于电子进攻方实施更为精确的组织筹划与控制协调，从而增强电磁打击行动的效益性与可控性。一方面，电子进攻方在组织筹划中精确选择目标、精确部署力量、精确匹配手段，可有效聚合所属电子对抗力量的电磁打击能力于敌电子防御方的薄弱环节，以较小的力量投入获取较为理想的目标系统毁瘫效果。另一方面，电子进攻方在控制协调中精确组织协同、精确评判效果、精确实施调控，可将既定电子对抗决心以及对战场电磁态势变化的应对措施转化为各作战单元或平台可具体执行的指令，有助于对所属电子对抗力量实施精细的掌控与支配。

再次，具有施效精度优势有助于电子进攻方更为精确的聚合电磁能量，从而在具体对抗行动中实现对敌电子防御方的完胜。电子进攻方在施效环节针对若干重点目标施以时机上精确捕捉、方位与频率上精确追踪、工作方式上精确契合、能量形式上精确匹配的电磁打击，不但能形成足以破坏或削弱目标工作效能的摧毁或压制效果，还可使敌难以通过常规电子防御措施规避或消除打击效果。以对敌跳频通信实施干扰为例，电子进攻方可通过对跳频通信同步信号的快准截获与精确压制，致敌通联双方无法成功建立通信，跳频通信抗干扰的性能也就无从发挥，从而达成事半功倍的预期干扰效果。

第三节　实现途径

一、合理集中电子对抗力量

力量的强弱对应了作战的主动与被动，而集中力量是力争主动、力避被动的有效措施。电子对抗攻防双方力量对比同样是影响电磁领域斗争结果的先验因素，在相当程度上制约了电子对抗的进程和结局，合理实施力量集中是电子进攻方占据主动、谋求制胜的重要基础。相对于传统意义上的力量集中，信息化局部战争中，电子进攻方实施力量集中的内容与方式均有了较大变化，主要体现为基于目标直接实施能量集中与基于效果强调行动时间集中。

（一）基于目标直接实施能量集中

传统意义上的力量集中主要体现为以集中兵力为主要手段，间接实现火力集中，即聚集一定数量的作战平台于一定区域，以期在局部获得强于敌方的打击能力。在单个作战平台打击能力较为有限的情况下，集中兵力是集中火力的必要前提。信息化战场，各类火力强、射程远、精度高的武器装备大量投入使用，单个作战平台的打击能力得到极大提升，因此无需以集中兵力为中间途径即可直接实现火力集中。集中力量内容的变化同样适用于电子对抗。空天电子对抗装备的运用极大拓展了电子对抗力量的施效范围；反辐射武器、定向能武器、电磁脉冲武器等电子摧毁手段的运用极大提升了电子对抗力量的释能强度。基于上述条件，电子进攻方具备了以直接集中电磁能量以谋取胜势的物质基础。

基于目标直接实施能量集中是电子进攻方集中力量的重要原则之一。贯彻这一原则要把握两个问题，一是选准电磁打击目标，提高电磁能量聚合度。信息化战场，在主要作战方向或重点作战区域内，敌方将使用大量用频设备，意味着大批作战目标的涌现，仅依靠联合作战编成内的电子对抗力量难以对所有目标实施有效的电磁打击。将有限的电磁能量释放于对敌作战全局影响重大的若干信息系统节点，可提高能量聚合度、强化电磁打击效果，以此促成"攻其要点，破其体系"目的的实现。二是集成多种专业电子对抗力量，实现多能聚效。信息系统的网聚作用使敌战场电子信息设备呈现出高度体系化的特性，这一特性客观上决定了单一专业或单一释能类型的电子对抗力量难以应对敌电子信息系统。例如仅依靠通信对抗力量无法对集指挥控制与预警探测功能于一体的预警机实施有效对抗；仅依靠雷达干扰力量而缺乏反辐射攻击力量同样无法有效毁瘫敌防空雷达网。电子进攻方在集中力量时，必须针对目标系统构成与功能，将通信干扰、雷达干扰、光电干扰、电子摧毁等多个专业的电子对抗力量实施混编，根据目标构成与毁伤需求，集中多种类型能量释放于敌。

(二) 基于效果实现释能时间集中

释能时间的集中程度制约了作战效果。一定作战力量所具备的能量可视为一个定值，如果能量释放的时间较集中，就可以产生较好的打击效果，反之，打击效果将被削弱，正如两支部队同时攻击某一目标，通常要比轮番攻击更易取得成功。受限于指挥手段，以往力量集中的方式多体现为空间上的集中，即集中兵力于某一地域后再统一展开行动。依托指挥信息系统，指挥者有能力通过有效的控制与协调将多个疏散配置的作战单元或平台的打击行动统筹到同一时间段中，而无需以空间上的集中为必要前提。

电子对抗同样强调以释能时间的高度集中提高电磁打击效果。首先要选准集中释能的时机。通常所说的电子对抗贯穿联合作战行动始终，是指电子对抗侦察的全程性以及其他作战行动对电子进攻的普遍依赖。在某一具体作战行动中，电子对抗力量的释能时间与整个行动时间相比极为短暂。以航空兵突防行动为例，为掩护突防行动而实施的电子干扰通常仅持续几分钟甚至几十秒。电子进攻方必须选准释能时机，将有限的电磁能量用于关键时节，力争在重要时段夺取制电磁权，进而有力支持并有效融入联合作战行动。其次要在时序上对各电子进攻手段做好统筹协调。电子对抗力量构成多元，行动协同复杂。以对敌防空雷达实施电子进攻为例，必须在时序上对欺骗性干扰与反辐射攻击实施精确协调，才能达到诱骗敌雷达开机后有效实施电子摧毁的预期效果。电子对抗指挥员与指挥机构应有效依托指挥信息系统，统筹安排各专业电子对抗力量的作战程序，通过相互赋能、消除互扰，在有限时间内集中运用各类电子进攻手段，实现电磁能量的瞬时高效叠加，以期对目标形成有效电磁打击。

二、科学构设电子进攻配系

制胜之道，在于谋取力量优势以形成战斗力，更在于合理运用力量进而释放战斗力。科学构设作战配系是现代战争体系对抗的必然要求，更是指挥者合理运用所属力量、充分释放战斗力的重要前提。电子进攻配系是电子进攻方对所属力量进行配置与分工的结果，其结构的合理性、各组分相互联系的有序性与互补性对集成电子进攻手段、强化电磁打击效果具有关键促进作用。构设电子进攻配系要从两方面着手：一是立体化疏散式力量配置；二是动态化调控式任务区分。

(一) 施以立体化疏散式力量配置

立体化疏散式力量配置，是指充分利用信息化战场空间的多维广域性，依托天基、空中、地面与海上电子对抗力量的机动能力与电磁打击能力，适当拉开各电子对抗作战平台间的垂直距离与水平距离，将其分散布置于多维战场空间的适当位置。采用这一配置方式，既可充分利用多维空间优势，强化电磁能量释放的整体效果，又有利于有效隐蔽作战企图，提高电子对抗力量战场生存能力。

一是基于效能，立体布局。信息化装备尤其是用频设备在整个战场空间范围的广泛运用，使电子防御方具备了立体化特征，将电磁战场的范围逐渐由地面向空中、太空等领域拓展。以地面电子对抗力量为主的平面配置由于应变能力较弱、施效范围较小，已难以适应电子对抗作战需求。另外，空天电子对抗平台等具备较强机动能力与较大施效范围的电子对抗装备投入使用，使电子进攻方具备了在立体空间占据有利阵位并实施电磁打击的行动能力。形成立体化布局，首先要充分利用空间位置对电磁能量释放的增效作用，尤其是空天电子对抗平台的"升空增益"，从而占据有利阵位、强化打击效能；其次要加强配置的纵深性与层次性，统筹陆基、海基电子对抗平台和空天电子对抗平台的配置位置，寻求正面与翼侧、前沿与纵深、地（海）面与空天的结合，形成陆海空天一体的多维立体配置，为联合作战整体行动，尤其是联合立体登陆、联合立体封锁以及联合立体突击等行动提供有效支撑。

二是着眼隐蔽，疏散配置。一方面，电子对抗力量集结的时间及地域通常与联合作战行动的发起时间及主要作战方向紧密相关，采取密集配置易被敌侦察感知，很可能导致我联合作战企图暴露。另一方面，电子对抗装备在释放电磁能量时具有较强的电磁辐射特征，加之自身防护能力较弱，密集配置后实施电子进攻极易遭敌定位与打击，从而增加电子进攻方装备战损率。在一定地幅（空域）内适当增大各作战平台的位置间隔，是信息化战场电子进攻配置的重要原则。电子对抗指挥员及指挥机构应依托信息化指挥手段，根据作战目标事先确定各电子对抗平台的阵位及攻击时间，在确保集中释能的前提下拉开各阵位间隔，减少兵力兵器密度；指挥各平台在疏散配置的前提下在规定时间机动至预期位置，迅即对目标实施电磁打击后及时撤离，避免在较小范围内集结大量作战平台，并减少在同一位置的释能时间，以期达到隐蔽作战企图、提高生存力之目的。

（二）采用动态化调控式任务区分

动态化调控式任务区分有别于以往的固定式任务区分，是指在电子对抗行动过程中根据态势变化对各作战单元（平台）的作战任务进行临机区分，或是由各作战单元（平台）在一定范围内自主调整任务分工，旨在应对电磁战场复杂多变的情况以有效把握战机。

一是根据态势变化，临机区分任务。战场电磁态势是确定并调整电子进攻配系的重要依据，而敌方电磁设备（系统）的分布及其电磁活动是战场电磁态势的最大变数。敌电子防御方为确保自身工作效能正常发挥并顺利遂行信息保障任务，必然要频繁地实施电磁活动，其电磁设备（系统）的分布也将随之改变，当这种变动达到一定程度，就会引起战场电磁态势的较大变化。战场电磁态势的急剧变化性与高度复杂性使其难以被有效预知。对于电子进攻方而言，仅依靠战前对所属力量进行的预先任务区分难以应对战时电磁态势的所有变化，必须在电子对抗行动过程中根据具体情况，对作战任务进行及时有力的动态调整。首先，应当敏锐把握战场电磁态势变化，尤其要密切关注主要作战方向或区域内敌方电磁设备的部署变化与相关行动，并结合我电子进攻方各作战单元或平台的作战能力以及战损情况，正确分析判断既定任务区分能否适应态势变化。其次，根据分析判断结果，形成调整任务区分的有关决定，依托指挥信息系统的指挥控制功能，向相关作战单元或平台下达任务调整指令，令其按照新的时限、目标、区域、程序等任务要求展开行动，并持续关注战场电磁态势的后续变化。

二是基于主动响应，自主调控任务。在电子对抗行动中，各作战单元或平台如果不能对敌重点电磁信号的出现迅速作出有效响应，而是仅采取逐级上报、等待指令的消极处理方式，就极有可能错失战机。作为对已有任务区分方式的重要补充，基于主动响应的自主调控方式适用于因战场电磁态势较为复杂、敌情尚不明朗，无法简单以频段或方向划分任务的情况。该方式强调各作战单元或平台在电子对抗指挥员与指挥机构的协调下，根据目标信号的实际分布以及自身的侦察效果与预期干扰（摧毁）效果，主动认领电磁打击目标，快速形成任务区分。一方面，各作战单元或平台应严密监视重点目标信号情况，尽量判明其数量、方位、频率等信息后及时向上级指挥机构汇报，并主动提出电磁打击申请；对于时间敏感性目标，如猝发通信信号、跳频同步信号等，可采取边干扰边上报的方式。另一方面，电子对抗指挥员与指挥机构在处理各作战单元或平台的打击申请时，应着眼全局，尤其要统筹兼顾电子对抗资源与作战目标的关系，以及打击时效与打击时机的关系，将电磁打击能力及时释放于最具价值的目标。具体来说，当各作战单元或平台的打击申请有利于实现作战目的时，应及时予以批准，并进一步明确相关要求；当各作战单元或平台的打击申请影响了行动的整体性而不宜批准时应及时告知，并在汇总态势信息后及时下达具体任务。

三、全面优化侦控打评流程

侦察感知、指挥控制、电磁打击与效果评估是构成电子对抗行动流程的四个主要环节，它们相互关联、互为条件，以链路的形式循环往复的联动运行。谋取电子对抗制胜之势需以全面优化侦控打评流程为主要实现途径，具体要从分别优化流程各环节以及提高流程整体运行速率两方面着手。

（一）对行动流程各环节予以优化

为优化侦察感知环节，一要突出重点，快速侦察感知。电磁战场空间广阔、目标繁多，对于侦察感知时效性的要求越来越高。电子进攻方应围绕联合作战整体制胜及夺取制电磁权的需求，将对敌信息化作战体系具有关键支撑作用以及对我作战行动构成较大威胁的电子信息系统作为主要侦察对象，对其方位信息、辐射源特征、活动规律等予以快速侦察感知，确保情报的实时性。二要精准测算，精确侦察感知。电子对抗的指挥控制与电磁打击环节对情报的精确性要求极高，在实施侦察感知时应优先运用测量精度高的侦察装备精确获取目标参数，并充分发挥指挥信息系统的信息检索、定量计算等功能，加强情报的精确性。三要去伪存真，客观掌握敌情。电磁斗争领域情报量大，加之敌电子防御方有意为之的伪装欺骗，势必造成大量真假信息并存，应采用多种侦察手段相互印证等方法对所获取的情报信息进行有效筛选，并善于通过综合分析洞察表面现象后隐藏的本质，提高掌握敌情的客观性。

为优化指挥控制环节，一要充分发挥群体智慧，确保判断与决策的科学合理。电子对抗技术性强，无论是解读战场电磁态势、确定电子进攻时机，还是选择电磁打击手段，都需要具有较高专业素养的专家型人才参与其中。电子对抗指挥机构中应适当引入部分专业技术人才为指挥员提供专业咨询，利用集体智慧形成科学合理的判断与决策。二要有效使用指挥信息系统的辅助决策与信息传输功能，根据当前电磁态势快速生成行动预案，并通过通信分系统实现相关信息的及时分发，以此减少行动筹划与作战部署的时间消耗，提高制定计划与下达指令的时效性。三要建立目的高度统一、流程简明高效、权限适度下放的电子对抗协调控制机制。电子对抗行动既强调效能的高效聚合，又注重对态势的及时应变，电子进攻方应制定系统完善的协调控制规则以明确各级指挥员的行动权限，依托指挥信息系统构建便捷畅通的调控流程，并根据任务需求与态势变化综合运用计划调控、临机调控、自主调控等多种调控方式。

　　为优化电磁打击环节，一要优选目标，提高电磁打击的集约度。信息化战场，敌电子防御方通常大量运用电子设备，应根据目标系统规模与结构以及所属电子对抗力量电磁打击能力，精选若干关键节点作为打击对象，通过提高电磁打击的集约度以聚焦打击能力、确保整体效果。二要因的用能，提高电磁打击的针对性。确定某一目标后应首选与其方位、辐射源特征、工作方式等方面最为匹配，且能有效应对其电子防御措施的电磁打击手段予以施效，以此确保对目标的高效毁瘫。三要多能聚效，提高电磁打击的综合性。应综合运用电子干扰与电子摧毁手段，必要时申请火力打击手段的支援，将电磁能、定向能、动能、热能等多种能量集聚施放于目标电子信息系统，以综合性电磁打击提升毁瘫效果。

为优化效果评估环节，一要拓展电磁打击效果的信息获取渠道。电磁打击效果，尤其是电子干扰效果具有暂时性与非显性，要求电子进攻方在实施电磁打击后，从电子对抗侦察力量所获取的目标动态情报、被支援作战力量所反馈的作战效果与敌方相关动态信息，以及关于敌电子信息系统效能变化的技术侦察情报等多个渠道掌握电磁打击效果。二要综合处理效果反馈信息。应采用人机结合、定性与定量分析相结合的方式，对不同渠道反馈而来的电磁打击效果信息进行有效融合与深度挖掘，排除无用或虚假信息，对关键目标毁伤效果予以多源印证与深入分析，确保客观真实。三要加强评估结论的时效性与可用性。在评估过程中应确保最新电磁打击效果信息及时进入评估流程，并充分发挥信息系统的自动处理能力与高效计算能力，确保评估结论的实时性；根据效果评估服务对象的需求，将评估结论适当呈现为图表、简报等形式，便于指挥人员或操作人员有效解读及应用。

（二）提高行动流程整体运行速率

首先，应提高行动流程各环节之间的信息流通速率。电子对抗行动流程中信息流对物质流与能量流具有主导作用，信息流通速率是制约行动流程运转速率的最重要因素，因此提高各环节之间的信息流通速率对提高流程整体运行速率具有关键促进作用。一是基于信息系统构建有效贯通各环节的信息传输网络，在结构上确保构成耦合关系的各环节之间实现信息直连。例如，侦察感知环节以情报信息为输出结果，指挥控制环节则以情报信息为输入条件，两者即构成耦合关系，在组成信息传输网络时应建立从侦察感知环节直达指挥控制环节的情报信息链路，确保两者高效联通。二是优先使用光纤通信等具有较大带宽的信息传输手段，确保行动流程各环节之间各类信息，尤其是关键信息与紧急信息的高速传递。三是建立统一的接口标准，确保各环节能够有效接入网络形成通路，并使用规范化的信息格式，便于信息系统对传输内容进行自动化处理，以此提高信息分发速率。

其次，要根据战场电磁态势与目标属性适度调整行动流程。信息流运行于"侦察感知—指挥控制—电磁打击—效果评估"的行动流程中，在任一环节都有一定的驻留时间。若能着眼战场态势变化与目标打击需求，适度调整行动流程，将情报信息流或效果反馈信息流直接输入电磁打击环节，必然能进一步缩短从感知到施效的反应时间，加强对情况变化的适应与战机的把握。为应对快速变化的战场电磁态势，尤其是具有时间敏感性的电磁打击目标，电子对抗指挥机构可在必要时对行动流程作如下调整：将指挥控制环节前置，提前制定针对若干类型态势变化或特定作战目标的多套作战预案，并赋予所属电子对抗作战单元或平台在一定情况下自主实施电磁打击的权限；在此基础上构建由侦察感知环节与电磁打击环节的直连信息通路，将侦察到的目标情报直接作为目标引导信息，实现"发现即干扰"和"发现即摧毁"。或是构建由效果评估环节与电磁打击环节的直连信息通路，将目标受打击后的动态信息直接作为调整电磁打击行动的依据，无需等待指挥机构的相关调控指令，对敌实施"追踪式"电磁打击，直至达成预期毁瘫效果。在上述过程中指挥控制环节需同步摄入情报信息流与评估信息流，对其他三个环节尤其是电磁打击环节的运行效能实施督导，在战场电磁态势发生重大变化或是其他三个环节的运行出现了难以自主调控的情况时，应及时进行干预，并视情恢复原有行动流程。

第三章　多元集成——电子对抗制胜的基本形式

信息化局部战争中，电子进攻方的作战目标通常为功能完善、高度集成的敌电子信息系统，具有较高的组网化与体系化水平，单一功能或是松散组合的电子对抗力量难以对其实施有效破击。这就要求电子进攻方以体系作战的形式与敌电子防御方展开对抗。另外，在信息技术与信息系统的支撑下，电子进攻方具备了在不同层级实现集成的可能。需求与能力的统一促使电子进攻方以多元集成的形式克敌制胜，即基于信息系统有效聚合电子对抗系统内部各要素、平台及其与外部各作战系统，实现各级组分的同步协作与快速反应，以此生成电子对抗制胜的体系作战能力依托。多元集成作为电子对抗制胜的基本形式，是体系作战思想在电磁斗争领域的具体诠释，主要体现为平台、系统、体系三个层级。

第一节　基本内涵

集成是指为实现某一目标，将原本没有关联或关联不紧密的若干组分实施有机组合，使其成为互联互通、运行协调、功能优化的整体。多元集成是构成电子进攻方各作战单位的核心方式。根据集成对象的层级及其相对应的集成方式，可将其剖析为平台级别的功能耦合、系统级别的平台综合以及体系级别的系统联合。三个层级在适用范围上逐步扩展，在地位作用上逐步提升，在实现难度上逐步增加。

一、功能耦合——电子对抗平台级集成

耦合这一概念源自物理学，是指两个或两个以上的要素通过相互作用而彼此影响以至联合起来的现象。当某一要素的作用结果恰好可作为另一要素的作用条件，且两者可通过一定方式高效对接，实现相互赋能、效能倍增时，即可称之为功能耦合。

电子对抗平台是指具有运载、投送功能并可作为电子对抗设备、器材依托的载体，是遂行电子对抗任务的最基本作战单位。功能耦合是多元集成在电子对抗平台级别的具体体现，主要指基于信息系统将多个类别的电子对抗要素以功能模块的形式集成于同一电子对抗平台，并依托有效的人机结合实现相关要素输出结果与输入条件的实时对接，使各功能模块在运行流程中快速响应、协调联动。

（一）功能耦合的内涵

功能耦合的作用对象是电子对抗平台中体现不同要素的功能模块。根据作战流程，可将电子对抗要素区分为电子对抗控制要素、电子对抗侦察要素、电子进攻要素、电子对抗评估要素等。电子对抗要素在不同级别具有不同的表现形式，以电子进攻要素为例，在联合作战体系中，电子进攻要素涵盖所有具备电磁打击能力的作战力量；在电子对抗系统中，电子进攻要素主要指具有电子干扰或电子摧毁能力的电子对抗平台；具体电子对抗平台中，电子进攻要素体现为电子干扰或电子摧毁功能模块。而功能耦合的作用对象正是体现各电子对抗要素的功能模块，主要有电子对抗侦察模块、综合

控制及显示模块、电子干扰/电子摧毁模块等。

功能耦合的适用范围主要是同一电子对抗平台内部。功能耦合的本质是对相关电子对抗要素的功能进行高效衔接，实现各要素的协调联动，因此在理论上只要信息传输速率与质量足够高、信息容量足够大、信息处理能力足够强，任何级别的电子对抗要素都可实现功能耦合。有观点认为可在不同作战平台甚至不同作战系统之间实现功能耦合，但实际上，受限于信息化水平，在现阶段乃至未来一段时间内跨作战平台甚至跨作战系统的功能耦合暂不具备实现条件。这并非否认不同作战平台或不同作战系统之间可以实现集成，而是对要素集成水平的客观认识。电子对抗对时效性要求极高，尤其是目标侦察与电磁打击需要高效联动，否则极易贻误战机，其功能耦合并非各种要素的简单叠加，而是相关功能的高效集成。将电子对抗侦察要素与电子进攻要素作为功能模块集成于同一作战平台，能够为目标侦察与电磁打击的实时对接提供便利，是实现"侦扰一体"或"侦毁一体"的最佳方式；如果电子对抗侦察要素与电子进攻要素分属不同作战平台或作战系统，就需要以一定的远程信息传输手段将目标情报从电子对抗侦察要素传送至电子进攻要素，而受限于信息传输效能以及外界环境对信息传输的影响，跨平台或跨系统的要素集成水平势必逊于同一作战平台内的要素集成水平，这也印证了电子对抗装备的发展趋势——从侦扰分离向侦攻一体转变。

功能耦合的主要方式是各功能模块的平台一体化，即应用数据总线将同一电子对抗平台上的多个功能模块相互连接，确保相关模块间数据信息高效联通，并由操作人员结合控制设备与辅助决策系统对其实施统一管控与使用。实现功能模块一体化的电子对抗平台即可称为一体化电子对抗平台，如美军EA-18G电子战飞机，集成电子侦察设备、电子干扰吊舱、箔条及红外诱饵投放设备、反辐射导弹等电子战功能模块于一体,在单架飞机上实现电子侦察、有源干扰、无源干扰、反辐射攻击等功能的耦合,提高了单个作战平台的综合对抗能力与快速反应能力。

(二)功能耦合的实现条件

一是具备一定运载及兼容能力的电子对抗平台。作为承载、管控电子对抗设备、器材的载体,地面电子对抗站、电子对抗飞机等电子对抗平台的设备运载及兼容能力是实现功能耦合的前提条件之一。首先,电子对抗平台需具备一定的设备运载能力,能够在承载多个电子对抗功能模块的前提下,有效实施遂行作战任务所必需的平台机动、武器投送等行动;其次,电子对抗平台需具备一定的设备兼容能力,即确保所承载的电子对抗设备与平台内部其他电子设备、动力设备、武器弹药等在共同工作时互不干扰、协调运行。

二是多种功能模块汇集于同一平台。各类支撑电子对抗行动流程正常运行的功能模块汇集于同一电子对抗平台,是实现功能耦合的物质基础。尽管功能耦合不等同于各功能模块的在形式上的简单叠加,但如果缺乏形式上的汇集,功能耦合就没有足够的具体作用对象,平台级别的多元集成也就无从谈起。主要应将以下电子对抗功能模块汇集于同一作战平台,一是能提供目标情报的电子对抗侦察模块,二是用于统一管控的综合控制暨辅助决策模块,三是对目标实施电磁打击的电子干扰或电子摧毁模块。

三是相关功能模块输出端与输入端的信息对接。信息化视角下,功能耦合实际上是以信息的融合引导物质与能量的聚合,因此实现功能耦合的最关键条件是各功能模块在运行流程中信息的高效流动,尤其是相关功能模块信息输出与输入的实时对接。需通过信息高效传输，将电子对抗侦察模块获取的目标信息及时送达综合控制暨辅助决策模块，使操作人员尽快掌控态势、作出决策，并将攻击指令及时送达电子干扰或电子摧毁模块；实施电磁打击后，再将电子对抗侦察模块获取的打击效果信息呈送于操作人员，以便实时调控电磁打击行动，以此实现"侦控打评"各环节之间的信息高效对接。对于部分时间敏感性目标，可在获取攻击权限的前提下将其目标信息直接送达电子干扰或电子摧毁模块，实现"发现即干扰"或"发现即摧毁"。

二、平台综合——电子对抗系统级集成

综合的一般含义是指把不同种类或性质的事物组合在一起。在作战领域，综合的对象可以是作战力量、作战任务或作战效能。电子对抗系统的定义为"由若干不同功能的电子对抗设备和指挥控制设备等组成，用于电子对抗的系统"。这一概念在内涵上更接近于一体化电子对抗平台，而非以电子对抗作为核心功能的作战系统。电子对抗系统在层级上应高于电子对抗平台，属作战系统范畴，是构成信息化作战体系的重要组分。为区别于电子对抗平台，宜将电子对抗系统理解为由各类电子对抗平台按一定组织形式构成的遂行电子对抗任务的有机整体。平台综合是多元集成在电子对抗系统级别的具体体现，主要指，依托信息系统将一定数量、若干类别的电子对抗平台集成于同一作战编组，各平台基于同一作战目的，通过协同配合、功能互补形成综合电子对抗能力。

（一）平台综合的内涵

平台综合的作用对象是若干具备一定独立作战能力的电子对抗平台。首先是对同类电子对抗平台实施综合集成，旨在扩大施效范

围，加强多目标对抗能力。其次是对不同专业电子对抗平台实施综合集成，形成对敌综合电子信息系统的对抗能力。再次是对具有不同功能的电子对抗平台实施综合集成，形成多样化任务遂行能力。

平台综合的适用范围是电子对抗力量内部。一方面，平台综合的根本目的是形成能与目标电子信息系统相抗衡的综合电子对抗系统，主要通过对作战编成内电子对抗平台，尤其是专业电子对抗平台的优化组合来实现，而专业电子对抗平台通常隶属于各军种电子对抗部队。另一方面，较之电子对抗平台与其他作战平台的组合，电子对抗平台之间由于作战目标与作战方式更为接近、通用化程度更高，在作战实践中更易实现组网。综合上述两方面因素，宜将平台综合的适用范围限定为电子对抗力量内部。需要注意的是，这一限定并非否定电子对抗平台与其他作战平台，诸如与火力打击平台进行集成的可能性与必要性，而是希望对电子对抗力量的"内聚"与"外联"进行区分，将电子对抗力量与其他作战力量的组合作为联合作战体系级别的集成予以专门研究，以此加强研究的针对性，避免平台综合这一概念内涵的泛化。

平台综合的主要方式是基于各电子对抗平台作战能力融合的系统综合化，即依托信息系统的网聚功能，实现各电子对抗平台之间及其与指挥机构的互联互通，通过统一指挥与自主协同相结合的方式，达成各平台作战能力的有效聚合与互补，使系统涌现出综合电子对抗能力。实现平台综合化的电子对抗系统即可称为综合电子对抗系统，如美军"狼群"电子战系统，由多个分散部署的无人值守式小型侦扰一体平台组成，该系采用分布式组网技术，可根据作战环境及作战目标的具体情况，由处于有利位置的若干平台对敌防空体系中的电子信息系统协同实施侦察或干扰，具有较强的整体对抗能力。

（二）平台综合的实现条件

一是各电子对抗平台作战能力的可聚合性。平台综合在形式上是各电子对抗平台行动上的协作，而实质上是各平台作战能力的聚合，只有具备作战能力的可聚合性，各电子对抗平台才有可能实现平台综合。首先是各平台电子对抗侦察能力的可聚合性。即各平台能够分别获取一定区域、一定频谱范围的电磁态势信息，实现对重要区域或重点频段的分区或分段监控。其次是各平台电子进攻能力的可聚合性。即各平台能够分别对目标系统中的若干单个目标实施电磁打击，在施效频谱或对抗专业上形成对目标系统的覆盖。再者是平台之间电子对抗侦察能力与电子进攻能力的可聚合性。即遂行电子对抗侦察任务的平台获取的目标信息或电子进攻效果反馈信息，能够为遂行电子进攻任务的平台所用，作为其实施或调控电磁打击行动的重要依据。

二是电子对抗系统内信息的高效流通。各平台电子对抗侦察能力、电子进攻能力以及两类能力之间的可聚合性只是为平台综合提供了能力基础，还需依托信息高效流通实现这一可聚合性。首先是纵向信息高效流通，即各平台获取的电磁态势信息向电子对抗指挥机构的及时上报，以及指挥机构作战指令的顺畅下达。电子对抗指挥机构基于纵向信息高效流通，可实现对战场电磁态势的整体把握以及对各电子对抗平台的统一指挥。其次是横向信息高效流通，即平台间电磁态势信息的共享，以及目标引导信息的及时传递。各电子对抗平台基于横向信息高效流通，可迅速获取较大范围电磁态势信息，并可根据目标分布情况由分别占据有利侦察阵位与进攻阵位的电子对抗平台形成临时组合，由前者引导后者实施电磁打击。

三是有效的集中控制与自主协同。各电子对抗平台作战能力的可聚合性以及电子对抗系统内部的信息高效流通，同属实现平台综合的客观条件，以此为基础还需结合一定的主观条件，即集中控制与自主协同的结合。复杂系统的协调有序运行离不开它组织与自组织的结合，电子对抗系统是人与电子对抗装备有效结合后按照一定组织结构形成的有机整体，是典型的复杂系统。为实现各电子对抗平台的有效集成，既要通过高度统一的集中控制对各平台作战行动实施有效掌握与制约，以它组织方式自上而下的掌控力量、聚合效能，还要注重以各平台之间的自主协同强化对战场突发情况的应对能力以及对电子对抗战机的把握能力，以自组织方式自下而上的主动协作、形成合力。

三、系统联合——电子对抗体系级集成

联合的本义是联系使不分散。在战争领域，联合特指两个以上军种或两支以上军队的作战力量在联合指挥机构统一指挥下共同实施行动的一种形式。基于电子对抗制胜，系统联合主要指电子对抗系统与信息保障系统、火力打击系统等相关作战系统在信息上的有效融合、行动上的密切配合、效能上的整体聚合。电子对抗力量是夺取制电磁权的主要力量但非唯一力量，尽管电子对抗力量本身不足以构成作战体系，但通过与其他作战系统的联合，能以有效的多元集成生成体系级电子对抗制胜能力，即聚合联合作战体系之力高效夺取制电磁权。

（一）系统联合的内涵

系统联合的作用对象是电子对抗系统及其他相关作战系统。首先是电子对抗系统与各类信息保障系统的综合集成。信息保障系统是利用信息技术和信息资源，为指挥员及作战部队提供信息获取、

传输、分发，以及导航、定位等信息应用服务的作战系统。电子对抗系统与信息保障系统的联合主要体现为电子对抗侦察与其他侦察手段的情报融合，以及电子干扰与无线通信、雷达侦察等信息保障活动的电磁兼容。其次是电子对抗系统与火力打击系统的综合集成。火力打击系统主要以炮兵、航空兵、导弹部队等作战力量为物质基础，是实施火力战的主体。电子对抗系统与火力打击系统的联合主要体现为电子对抗侦察对火力打击的目标引导，以及电磁打击与火力打击的协同增效。

  系统联合的适用范围是整个联合作战体系范畴。较之平台层面的功能耦合与系统层面的平台综合，系统联合涉及多类作战系统，实施于整个联合作战体系范畴内，是涉及范围最广的多元集成。一方面，电子对抗主要施效于电磁频谱领域，而电磁频谱资源也是联合作战体系中其他作战系统正常运行的重要依托。这就需要统筹电子对抗系统的电磁频谱攻击行动与其他作战系统的电磁频谱利用活动，通过有效的电磁兼容促进电磁空间内作战行动与保障行动的协调一致，实现联合作战体系内部电子攻防力量的集成。另一方面，电子对抗的目标打击方式总体上趋于"软"，仅使用电磁打击不足以完全毁瘫敌电子信息系统，电子对抗系统需要在联合作战体系范畴与相关作战系统，尤其是与火力打击系统进行有效集成，以形成针对敌电子信息系统的全维多样化打击能力，更加彻底、迅速地夺取制电磁权。

  系统联合的主要方式是基于电子对抗系统与其他相关作战系统能力聚合的体系联合化，即运用信息系统的信息传输能力实现电子对抗系统与其他相关作战系统的互联互通。以此为基础在整个联合作战体系中联合有助于夺取制电磁权的作战力量，并使电子对抗系统能在效能上更好地融入联合作战体系整体运行之中，进而形成体系级电子对抗制胜能力。近几场局部战争的实践表明，以联合作战体系中多个作战系统进行集成的形式对敌电子信息系统实施攻击是高效夺取制电磁权的有效途径。科索沃战争中，美军对电子战力量与空中火力打击力量实施联合，将大范围电子干扰与空中精确打击相结合，以信火一体的方式全面瘫痪南联盟指挥控制系统、预警探测系统、民用公共信息系统等关键电子信息系统，集联合作战体系之力迅速夺取全面制电磁权，为战争制胜奠定了坚实基础。

（二）系统联合的实现条件

一是电子对抗系统与其他相关作战系统在行动上的可协作性。在行动层面，系统联合主要体现为各作战系统的协调配合。而围绕夺取制电磁权这一作战目的，电子对抗系统与其他相关作战系统各自的核心作战行动是否具有协调配合的可能，是实现系统联合的必要前提。首先是电子对抗行动与火力打击行动的可协作性，即电子对抗侦察获取的目标信息能为火力打击提供目标引导，以及电磁打击与火力打击能共同对敌战场电磁空间多级信息载体实施毁伤。其次是电子对抗行动与信息保障行动的可协作性，即电子对抗情报与其他情报能有效整合、相互印证，电子干扰与其他用频活动能相互兼容、互不影响。

二是电子对抗系统与其他相关作战系统之间的信息高效互通。以往作战体系内部的信息流主要为上下级之间的纵向信息流，电子对抗系统与其他相关作战系统相互间通联较少，电子对抗行动与其他作战行动的配合通常需要上级指挥机构以事先制定计划或临机下达指令的方式实现，不利于体系级电子对抗制胜能力的涌现。在作战体系中，信息流能够有效引导物质流与能量流，电子对抗系统与其他相关作战系统之间的横向信息互通是联合作战体系信息优势的重要体现，也是以多元集成高效夺取制电磁权的先决条件。只有确保系统之间的横向信息流畅通，才能为各类以信火一体为核心手段的夺取制电磁权战法创造运用条件，为联合作战体系内部的电磁兼容提供有效保障。

三是与电子对抗体系级集成相适应的指挥方式。电子对抗体系级集成，涉及火力打击力量与信息保障力量。这些力量平时隶属于各军种，战时根据任务需求以作战系统的形式，与电子对抗系统构成联合作战体系。为在夺取制电磁权行动中发挥联合作战体系的整体合力，必须由联合作战指挥机构在整体上对各作战系统实施集中控制、统一协调，使各系统在集中指挥方式下以联合作战整体利益为最高利益，以夺取制电磁权为共同目标。与此同时，战场电磁环境的高度复杂以及电子对抗战机的稍纵即逝，决定了单一的集中指挥方式不足以应对所有情况。为加强联合作战体系在夺取制电磁权行动中的应变能力与战机把握能力，还应在具体任务中以分散指挥的方式给予各作战系统一定的自主行动权，或是经事先授权后引导各作战系统围绕同一目标以自主协同的方式加强协作。

第二节 内 在 依 据

一、功能耦合对平台级电子对抗的能力强化作用

平台级电子对抗是指电子对抗平台与目标电子信息设备展开的"平台对平台"式的电子对抗。无论欲夺取制电磁权的范围如何，无论作战目标的规模与组网水平如何，作为电磁斗争领域最基本的作战形式，平台级电子对抗都是电子对抗行动不可再分的基本元素。对电子对抗平台各功能模块实施耦合，可实现电子对抗要素功

能的优化组合与作战步骤的高效串联，进而强化单个电子对抗平台的作战能力，以此促进平台级电子对抗制胜，并为更高层次的电子对抗制胜奠定基础。

（一）生成一定的多样化任务遂行能力

传统电子对抗平台能力较为单一，如早期电子对抗装备中的车载侦察装备、测向装备等，通常只能执行单一具体作战任务。随着电磁战场范围的迅速拓展以及战场信息活动的高度密集，电子对抗力量的作战任务日趋繁重与复杂，既要依托一定数量的电子对抗侦察平台从不同区域、不同频段全面获取战场电磁态势信息，或是为电磁打击行动目标提供引导及效果判定，还要依托一定数量的电子进攻平台针对敌方各类电子信息设备采取软杀伤与硬摧毁，以形成整体进攻能力。如果仍运用传统电子对抗平台遂行电子对抗作战任务，就需要增加大量侦察平台、干扰平台及电子摧毁平台，至少构建电子对抗侦察系统、电子干扰系统与电子摧毁系统三套多平台系统。这种以增加各类平台数量强化作战能力的模式不仅成本较高，还会增加指控、保障、防护等方面的难度，显然与信息时代战斗力生成模式不相符。

基于功能耦合实现电子对抗平台功能一体化，是生成多样化电子对抗任务遂行能力的基本途径。一体化电子对抗平台聚合侦察、干扰、摧毁等电子对抗要素，可根据作战目的与战场情况遂行态势感知、目标侦察引导、效果判定、电子干扰、电子摧毁等多种作战任务，是制胜平台级电子对抗的重要依托。基于多样化任务遂行能力，电子对抗指挥员可依据具体情况临机赋予一体化电子对抗平台相应的作战任务，使平台根据任务释放能力，而非根据任务选用平台。例如在掩护航空兵突防的电子对抗行动中，在不同阶段可赋予同一电子对抗飞机不同的作战任务，包括在前期获取目标情报，突防机群接近敌预警范围时进行干扰压制，敌火控雷达开机时实施反辐射摧毁，对敌防空雷达系统实施电磁打击后进行效果判定等。另外，单个一体化电子对抗平台可分时替代多个传统电子对抗平台，运用一体化电子对抗平台组成电子对抗系统，可完成以往多套单一功能平台的作战任务，在保证作战效能的基础上有效控制电子对抗力量规模，有利于指控、保障、防护的有效实施。

（二）提高目标引导与电磁机动的速率

电子进攻方的平台级电子对抗行动相对于敌电子防御方的电磁活动具有一定的滞后性与依赖性。电子对抗侦察设备通常只有在目标电子信息设备主动发射信号时才能对其实施有效的侦察定位；电子干扰则必须在目标电子信息设备处于信号接收状态时方可生效；反辐射攻击同样需要持续侦收目标信号一定时长方可实现精确制导。信息化战场，电子防御技战术的迅速发展对平台级电子对抗行动的反应速度提出了更高要求。一方面，猝发通信、频率跳变等电子技术的运用强化了电子信息设备的反侦察、反干扰性能；另一方面，限制信号发射时间、加强辐射源机动等战术手段提高了电子防御方的隐蔽性与防护力。为形成与之相对应的作战能力，平台级电子对抗必须在缩短行动周期、提高反应速度上有所突破。

以往电子对抗行动中，由于电子对抗平台能力较为单一，从侦察定位到目标引导再到电子进攻通常由不同平台完成，加之装备自动化水平不高、站间通信能力有限，造成电子对抗行动周期较长、反应速度较慢。一体化电子对抗平台通过功能耦合将各模块有机结合，形成了原本需要多平台协作才能实现的"目标侦察—目标引导—电磁打击—效果评判"行动循环，并缩短了循环周期，其制胜作用已不仅限于一站多能，更体现为以快制敌。首先，将侦察定位与电磁打击实施无缝对接，可有效把握电子对抗战机。如果仍沿用侦察引导站对目标信号进行搜索识别，将目标参数传送至干扰站，再由干扰站施放干扰的传统模式，对于时间敏感性目标就有可能错失战机。一体化电子对抗平台可对侦察定位与电磁打击进行实时对接，能将信号侦察模块获取的目标信号参数直接传送至电子干扰模块或电子摧毁模块，极大缩短电磁打击的目标引导时间，真正实现"发现即干扰"或"发现即摧毁"。其次，将效果评判与电磁机动实施快速衔接，可有效应对目标电子信息设备的应变措施。目标电子信息设备遭受电磁打击后必将运用一系列电子防御技战术措施以减轻或消除打击效果，如果不能有效进行电磁打击效果评判，或是效果评判信息不能及时反馈，就会造成电子对抗行动与敌情变化的脱节。一体化电子对抗平台具有自主监测目标动态、评判打击效果的功能，可迅速获取反馈信息并将其作为实施电磁机动的依据，从而及时调整电子对抗侦察与电子进攻的参数或对象，以此提高打击效果、适应敌情变化。

二、平台综合对系统级电子对抗的效能提升作用

系统级电子对抗是电子对抗系统与目标电子信息系统展开的"系统对系统"式的电子对抗。作为信息化战场电磁斗争的主要形式，系统级电子对抗并非平台级电子对抗的简单叠加，而是电子对抗系统整体进攻能力与目标电子信息系统整体防御能力的较量。联合作战背景下，电子进攻方通常将不同专业、不同载体的电子对抗平台集成为综合电子对抗系统，旨在对目标电子信息系统实施广域综合对抗，并适应复杂多变的战场电磁态势，以此提升作战效能，促进系统级电子对抗制胜。

(一)实现对目标系统的广域综合对抗

与以往作用范围较小、组合较为松散的各分离式电子信息设备相比,信息化局部战争中,以众多用频设备为组分而构成的电子信息系统在空域上遍及整个战场空间,在频域上几乎覆盖整个频谱,在功能上集多种能力于一体,在行动上以网络或链路的形式高效联动,体现出明显的广域性与综合性。作战目标形态的演变必然牵引电磁斗争形式的演变,当电子进攻方以分离式电子信息设备为作战目标时,电磁斗争的形式以单个电子对抗平台与单部用频设备的对抗为主,例如单个通信干扰站对某一通信专向的干扰;当综合电子信息系统成为电子进攻方的作战目标时,仅依靠"平台对平台"的对抗形式就难以制胜,必须依托综合电子对抗系统对其实施"系统对系统"式的广域综合对抗,例如综合电子对抗系统对敌预警机信息链路的遮断。

综合电子对抗系统,基于信息系统的网聚作用,集成一定数量、多种专业电子对抗平台于一体,具有较强的广域综合作战能力,是生成系统级电子对抗能力的重要依托。首先,组成系统的各电子对抗平台可根据目标情况疏散配置于一定地域或空域,基于信息链路接收指挥机构的协控指令,可在较大区域内对目标电子信息系统重要节点实施侦察监视及电磁打击,扩大了电子对抗施效的地理空间范围,能够有效应对敌电磁活动空间范围的不断拓展。其次,综合电子对抗系统包括覆盖多个频段的各专业电子对抗平台,可对敌工作于不同频段的各类用频设备实施有效侦扰,进而实现对敌电子信息系统的全谱对抗,能够有效应对敌电磁活动频谱范围的不断拓展。再次,综合电子对抗系统可通过有效的控制协同,集中运用多个电子对抗平台对目标系统中若干关键节点或链路实施并行攻击，使其多点受损、结构崩塌，有效限制敌电子信息系统功能代偿性的发挥，削弱或破坏其整体效能。

（二）强化对战场电磁态势的应变水平

由于电磁波优越的传播特性，加之用频设备技术性能及其载体机动能力的不断提升，信息化战场电磁态势较之兵力、火力行动形成的态势更为多变且复杂。电子对抗力量既是战场电磁态势的组成部分，也是以战场电磁态势作为其作战行动的外部环境。正如生物进化过程中的适者生存，适应战场环境是消灭敌人、保存自己的重要前提。对于电子进攻方而言，以平台综合的形式实现电子对抗系统级集成能够提高对战场电磁态势的应变水平，进而促进电子对抗制胜。

首先，平台综合有利于电子进攻方全面感知战场电磁态势，及时把握敌情重要变化。受制于侦察能力与地理环境，单个电子对抗平台只能以自身所在位置为中心，获取特定方位、有限区域内的电磁态势信息，难以对战场电磁态势形成全面客观的认识，无法实时把握侦察范围以外的电磁态势重要变化。实现平台综合的电子对抗系统，可利用信息系统将各平台获取的局部态势信息有效融合，并及时分发至各电子对抗平台，使指挥机构与各平台均能较全面地感知电磁态势，并可根据各自需要对其中部分敌情变化予以重点关注，进而为筹划及实施应对行动提供依据。其次，平台综合有助于电子进攻方有效利用战场电磁态势，形成可最大限度发挥作战效能的电子进攻配系。由于地理环境对电磁波传播的影响，处于不同位置的各电子对抗平台在担负不同任务、建立不同组合时，所发挥的作战效能也有所不同，而电子对抗系统级集成的一个重要目的就是便于依据当前电磁态势实施相对合理的任务分配与作战编组。以对敌野战通信网部分通信链路实施干扰为例,由于敌通信收发方位置的差异,可能存在某一电子对抗平台能有效侦察而干扰效果不佳,或是处于有利干扰位置却无法有效侦察的情况。基于信息系统的信息融合与共享能力,综合电子对抗系统可根据目标位置及各电子对抗平台配置情况,选取处于有利侦察位置的平台担负目标侦察及效果判定任务,引导处于有利干扰位置的平台实施干扰,以此构建具有最佳侦扰协作效果的电子进攻配系,达成对当前电磁态势的有效适应与充分利用。

三、系统联合对体系级电子对抗的整体融合作用

体系级电子对抗是电子对抗系统与作战体系内其他相关作战系统为夺取制电磁权而联合采取的体系作战行动,主要包括电子对抗系统与信息保障系统的情报融合与电磁兼容,以及电子对抗系统与火力打击系统的相互赋能与多能聚效,是联合作战中电磁斗争的最高形式。系统联合,是电子对抗力量融入联合作战力量以及对敌实施信火一体打击行动的有效途径,能够聚合联合作战体系整体能力于电磁斗争之中,以对体系级电子对抗的整体融合作用高效促进电子对抗制胜。

(一)加强己方电子攻防力量的协调性

联合作战体系中与运用电磁频谱直接相关的作战系统,包括电子对抗系统,以及担负侦察监视、通信、导航定位、控制制导等任务的信息保障系统。前者主要通过主动进击破坏或削弱敌电子信息系统作战效能,后者则需通过电子防御确保自身效能的正常发挥,在电磁斗争领域,两者可统称为电子攻防力量。电磁空间是电子攻防力量共同的作战空间,电子干扰行动与己方的探测、

通信、导航、制导等电磁活动都以电磁频谱为施效媒介。因此电子攻防力量在情报侦察、电磁兼容等方面均存在加强协调的可能性与必要性，而两者行动上的失调势必造成夺控制电磁权能力的削弱。

首先，系统联合有助于加强电子对抗系统与信息保障系统在情报侦察方面的协调性，为夺取制电磁权乃至联合作战整体制胜提供更为有力的情报保障。电子对抗系统以电子对抗侦察为主要侦察手段，通过截获敌电磁辐射信号获取敌电子信息系统的技术特征、方位、类型、用途及行动，进而间接推断出相关敌情，具有侦察距离远、隐蔽性好的优势，但侦察对象局限于主动辐射电磁信号的目标，且侦察结果不够直观。信息保障系统以有源电子侦察、成像侦察为主要侦察手段，以相对直接的方式获取战场情报，具有适用对象广泛、结果直观的优点，但隐蔽性较差，易受欺骗。电子对抗系统与信息保障系统在情报侦察上的集成，可针对不同目标运用与之相适应的侦察手段以优化侦察效果，或是对同一目标系统采用联合侦察的方式，融合不同来源、不同类型的信息，更为全面准确地获取情报。情报侦察上的集成还有助于实现两类侦察手段的功能互补，例如以成像侦察进一步佐证电子对抗侦察所获取的目标情报，或是在面临敌方反辐射攻击威胁时使用无源电子侦察部分替代有源电子侦察。其次，系统联合有助于加强电子对抗系统与信息保障系统在电磁兼容方面的协调性，消除或减少联合作战中己方各类用频活动的自扰互扰。电子对抗系统的任务是限制敌方使用电磁频谱资源，以电磁波为主要能量载体施效于敌方，信息保障系统的任务是利用电磁频谱进行信息保障，以电磁波为信息载体服务于己方，两者的有效运行都需要在一定时空范围内占据一定的频谱资源，是联合作战体系中与电磁频谱关联最为紧密的两类作战系统。在用频设备高度密集的信息化战场,如果对电磁频谱资源缺乏行之有效的管控,就有可能引起电子对抗系统与信息保障系统在电磁活动上各行其是,造成前者对后者的干扰,影响联合作战体系指挥控制的畅通、武器效能的发挥等,或是出现为避免自扰互扰而限制运用电子对抗系统的现象发生。通过系统联合,有助于在联合作战体系的高度对频谱资源实施合理管控,对各类用频活动进行有效协调,使电子攻防力量在频谱运用上兼容并存,在对敌实施电磁打击的同时不影响己方其他用频活动效能的正常发挥,避免联合作战体系内电磁打击能力与信息保障能力的内耗。

(二)形成对敌电子防御方的综合毁伤

电子对抗力量是夺取制电磁权的主要作战力量,但并非唯一作战力量。一方面,由于电子对抗力量在作战手段上趋于"软",打击效能相对有限,不足以支撑联合作战对夺取制电磁权的时空范围及程度需求;另一方面,炮兵、航空兵、导弹部队等火力打击力量可通过对敌电子信息设备或其载体实施火力毁伤,促进夺取制电磁权。因此有必要联合电子对抗系统与火力打击系统,对敌电子防御方实施综合毁伤。

综合毁伤主要体现为对敌多层信息载体的毁伤。信息离不开载体,战场电磁空间的信息载体主要有三个层次,一是电磁波,即信息的信号载体,如用于导航定位的电磁信号;二是各类用频设备,即信息的设备载体,如通信电台、雷达等;三是装载用频设备的作战平台,即信息的平台载体,如装备有电子侦察载荷的侦察卫星。系统联合可聚合电磁打击能力与火力打击能力,根据需要对上述三个层面的信息载体实施有效打击,进而实现综合毁伤。电子对抗主要针对信号载体实施,总体上"偏软",对设备载体与平台载体的施效作用较为有限。以电子对抗侦察引导火力打击，可对压制无效的敌电子信息设备予以摧毁，弥补电子进攻范围与电子对抗侦察范围之间的差距，实现火力打击对电子对抗的有效补充。对支撑敌电子信息设备正常运行的作战平台或基础设施予以火力毁伤，可从根本上破坏敌使用电磁频谱的能力，实现火力打击对夺取制电磁权行动的有力支撑。

第三节 实现途径

一、依托装备，人机合一

在平台级电子对抗中实现功能耦合，既要以具备相应作战能力的电子对抗装备为客观物质基础，还要充分发挥人的主观能动性，以高效的人机结合构建并优化"目标侦察—目标引导—电磁打击—效果评判"的平台级电子对抗行动循环流程，以此充分释放平台作战能力。

（一）合理运用一体化电子对抗平台

电子对抗装备是电子对抗制胜的基本物质条件，如果缺乏具有较高一体化水平的电子对抗平台，功能耦合就失去了客观前提，电子对抗平台级集成也就无从谈起。一体化电子对抗平台集电子对抗侦察、电子进攻、机动等能力于一体，具备较强的独立作战能力，是以功能耦合制胜平台级电子对抗的有效依托。

一是基于特定任务灵活运用一体化电子对抗平台。联合作战中的电子对抗任务通常由态势感知、目标引导、电子进攻、效果判定等子任务组合而成，对于此类复合式电子对抗任务应优先运用一体化电子对抗平台予以遂行，并根据作战进程及态势变化适时赋予其不同的子任务。例如，美军 EA-18G 电子战飞机集电子对抗侦察、电子干扰、空战能力于一体，是典型的一体化电子对抗平台，既可为其他作战力量提供电子对抗情报支援，又能在一定空域内快速机动，对目标电子设备实施电子进攻。灵活运用此类平台可适应信息化战场航空电子对抗任务的多样化需求。二是针对关键目标重点运用一体化电子对抗平台。平台级电子对抗是电子对抗平台与敌电子信息设备的攻防对抗，一体化电子对抗平台可实现从侦察到干扰或摧毁的快速对接，以及从效果评判到电磁机动的快速反应，是制胜平台级电子对抗的有效依托。应针对敌电子信息系统中的关键节点，尤其是具有较强电子防御能力的高价值目标，充分运用一体化电子对抗平台的侦攻一体能力与快速应变能力，对其实施重点电磁打击。

（二）以人机高效结合释放作战能力

人与装备的结合是战斗力释放的必要因素。一体化电子对抗平台本身难以自觉主动地形成功能耦合，并遂行电子对抗任务，必须通过人的判断、决策与操作实现各功能模块的高效衔接。以人机结合构建并优化平台级"目标侦察—目标引导—电磁打击—效果评判"循环流程，可最大限度发挥一体化电子对抗平台的作战效能。一体化电子对抗平台通过数据总线集成多个功能模块于一体，并具有一定的智能化程度，操作人员与之高效结合已不仅限于人对装备的驾驭这一层次，还体现为人与装备通过有效的分工协作，合力履行作战任务、释放作战能力，具体途径如下。

一是通过人与情报侦察模块的结合，全面且有针对性地获取目标情报。信息化战场，电磁环境高度复杂，各类电磁信号相互交织、变化迅速，为从中获取能够有效支撑电子进攻的目标情报，在平台级电子对抗行动中必须将人与情报侦察模块有机结合。应充分发挥一体化电子对抗平台情报侦察模块的快速搜索与自动识别能力，对一定频段的电磁信号进行全面排查，通过与数据库内信号特征的比对，识别出敌方电磁信号或标记可疑信号。在此基础上由操作人员对初步排查的结果进行深入分析，确定高价值或高威胁目标信号，并使用情报侦察模块对其进行重点监控。二是通过人与辅助决策模块的结合，快速准确地下达操作指令。"发现即干扰"或"发现即摧毁"是制胜平台级电子对抗的关键，为确保电磁打击的时效性与准确性，必须加强人与辅助决策模块的有机结合。应充分发挥辅助决策模块的高效计算能力，根据侦察到的目标参数快速生成若干套电子干扰或电子摧毁方案，并实时预置电子干扰装备或电子摧毁武器的控制参数，确保电磁打击一触即发。操作人员以辅助决策模块的输出结果为参考，综合考虑电磁打击权限、敌我情况等因素最终确定方案与控制参数，下达实施电子干扰或电子摧毁的操作指令。三是通过人与综合控制模块的结合，及时有效地适应态势变化。以美军的认知电子战装备为代表，新一代电子对抗平台具有较高智能水平，在一定条件下可自主完成从目标侦察到干扰压制到效果判定再到行动调整的作战流程，对时间敏感性目标具有较好的干扰效果，但仍需操作人员对其实施有效的干预调整以适应态势变化，因此需注重人与此类平台综合控制模块的有机结合。操作人员应根据作战目标类型，适度授权于综合控制模块，以此充分发挥平台的自主作战能力。在平台的自主作战流程中，操作人员应持续关注电磁态势变化以及平台作战流程运行情况，一旦态势变化超过平台自主适应能力范围或是未能实现预期作战效果，应及时调整综合控制模块对平台的操控，或是及时转入人工控制模式。

二、网状互通，灵活组合

在系统级电子对抗中实现平台综合，首先要构建网状系统结构，确保各入网平台与指挥机构实现纵横贯通；其次要对各平台实施模块化动态组合，加强对战场电磁态势变化的适应，追求最优侦攻协作效果。

（一）构建纵横贯通的网状系统结构

以往电子对抗系统更多体现为"纵强横弱"的树状结构，上下级之间通联较为顺畅，但各平台之间通常缺乏直接有效的通联。依托信息系统的网聚能力，综合电子对抗系统不仅要确保各电子对抗平台与指挥机构间的纵向贯通，还应加强平台之间的横向贯通，以此形成"纵到底、横到边"的网状结构，其主要构建途径如下。

一是建立适应平台综合需求的信息传输网络。完善的信息传输网络是实现平台综合的基础，应科学设计网络结构，合理配置多套数据交换设备，确保各节点之间互联互通，加强网络连通性与抗毁性，并预留充足数量的通信终端入网接口；综合运用多种通信技术使信息传输范围覆盖任务区域；采用数据链通信、光缆通信等手段拓展传输带宽，并规范消息格式和通信协议，提升信息传输效率。

二是基于信息传输网络，构建情报获取与指挥控制分系统。依托通信终端的入网功能将各平台电子对抗侦察设备嵌入信息传输网络，建立多源融合、纵横贯通的情报获取分系统，既保障指挥机构的决策需要，又按需为各平台提供有效的情报支援，使其获取更大范围的电磁态势信息；依托通信终端的入网功能将各平台操控席位与武器模块嵌入信息传输网络，建立兼具集中统一与自主灵活特性的指挥控制分系统，实现指挥机构对所属各级作战人员的有效指挥，必要时直接控制到装备，还要确保各平台在建立协同关系时可达成互联互通互操作。

三是在组织结构上加强顶层设计与制度规范。应根据联合作战中电子对抗的任务需求与作战能力，合理确定电子对抗系统的指挥层次与指挥跨度，实现指挥体系的扁平化；制定一系列配套的指挥制度与作战条令，理顺指挥及协同关系，明确各平台在作战行动中的权限与职责，提升电子对抗系统级集成的有序性。

（二）基于态势实施模块化平台组合

信息化战场情况复杂且多变，以往相对固定的电子对抗力量编组模式已难以较好适应这一趋势。综合电子对抗系统不仅强调作战能力的综合全面，更注重基于战场电磁态势，尤其是目标电子信息系统的组成、配置及其电磁活动。在综合电子对抗系统中对各类电子对抗平台实施模块化组合，有助于加强在复杂多变战场情况下的电子对抗制胜能力。

一是根据当面之敌电子信息系统的概况，将各电子对抗平台作为模块，按需集成为电子对抗系统。平时，专业电子对抗力量主要以兵种或专业兵形式隶属于各军种，而在战时仅运用某一军种的电子对抗力量或仅按编制使用电子对抗力量，可能难以适应联合作战对夺取制电磁权的任务需求。构建综合电子对抗系统，需以信息系统为集成环境，以联合作战电子对抗指挥机构为系统"集成商"，以各军种专业电子对抗力量为模块"供应商"，从各军种按需抽调多个种类一定数量的电子对抗平台接入信息系统，利用信息系统的可接入性及网聚功能，形成与目标电子信息系统的构成及其电子防御能力相匹配的综合电子对抗系统。

二是依据战场实时电磁态势，对电子对抗系统中各平台实施临机编组与任务分配，形成动态化组合。信息化战场电磁态势变化节奏快，难以准确预测，对于电子对抗系统内各平台，不存在一种可适用于所有情况的任务分配与编组，一成不变的侦攻组合必将难以适应态势变化，从而丧失战机、招致被动。应持续关注目标电子信息系统的动态，综合考虑电子对抗系统中各平台作战性能、所在位置、周边地理环境等因素对电子对抗侦察及电子进攻效能的影响，在关键时节将各平台作为模块实施临机局部调配，选取处于最佳侦察阵位的电子对抗平台作为侦察引导站，选取处于有利干扰阵位的若干电子对抗平台担负干扰任务，形成当前电磁态势下具有最佳整体作战效能的侦攻组合。当战场电磁态势再次发生较大变化时，需视情对各平台予以重组，适时调整侦攻组合，从而在电磁态势变化下保持制胜能力。

三、全局管控，跨域聚力

在体系级电子对抗中实现系统联合，一方面要建立全局性电磁频谱管控机制，确保己方各类电磁活动的协调并存；另一方面要跨域聚合精锐作战力量，使其为夺取制电磁权行动所用。

（一）建立全局性电磁频谱管控机制

电磁频谱是电磁波按频率或波长分段排列所形成的结构谱系，是联合作战行动不可或缺的一种特殊资源。制电磁权是作战中在一定时空范围内对电磁频谱领域的控制权，拥有制电磁权不仅体现为使敌方无法有效使用电磁频谱，还包括己方各类电磁活动能够协调并存，在使用电磁频谱时不产生自扰互扰。对于联合作战体系中某一作战系统而言，在运用电磁频谱时最关心自身的运行效果，而不是其他作战系统的运行效果。如果不以行之有效的全局性管控予以规范与制约，势必造成一定程度的用频混乱与冲突，导致联合作战体系整体行动效能下降，因此必须着眼夺取制电磁权乃至联合作战整体制胜，建立全局性电磁频谱管控机制。

一是构建系统完善的电磁频谱管控制度。首先是频谱使用报批协调制度。即由联合作战指挥机构牵头，电磁频谱管控部门主导，电子对抗、雷达、通信等有关部门参加，对部队涉及使用电磁频谱的作战部署进行审核，纠正或协调解决用频冲突、辐射超标等电磁兼容问题。其次是电磁频谱监测制度。统筹使用电子对抗系统与信息保障系统中各类电子侦察装备，实现对任务区域的电离层变化、最佳通信频率、敌我主要辐射源概况等情况的有效掌握与及时发布。再次是重点用频设备管控制度。对预警机等关键武器装备在平时试验与训练中的频谱运用严加限制，确保战前不露底牌；对重要通信网、雷达网应采取多套技术体制、预留备用设备等措施，提高战时电子防御能力。

二是形成规范高效的电磁频谱管控流程。首先应综合评估电磁频谱的可用性。探明主要任务区域内敌方电磁活动情况以及民用或中立方用频设备的频谱占用情况，并综合考量自然环境、社会环境等因素的影响，形成对频谱资源可用范围的评估。其次应合理制定频谱资源分配计划。基于联合作战指挥员夺取制电磁权的作战决心，统筹考虑电子对抗、雷达侦察、通信等电磁活动的用频需求，将各作战系统及其重点用频设备的频段分配、辐射范围、辐射强度等内容详细表述为频谱资源分配计划，并将其作为频谱管控的核心依据。再次应视情下达频谱管控指令。根据各作战力量实施电磁活动的反馈信息以及战场电磁态势的变化，临机下达管控指令，对已经出现或可能出现的用频冲突予以及时解决。

三是采用多维结合的电磁频谱管控方式。首先是空间管控，即以保障主要作战方向主战装备的效能发挥为牵引,根据各用频设备所在作战平台的配置地域(空域)、任务区域,以及作战对象的行动范围,划分各用频设备的电磁活动空间范围。其次是时间管控,即以确保指挥控制及作战行动的流程顺畅为牵引,在用频设备较为密集而难以实施空间管控时,合理安排各用频设备开机工作尤其是主动发射信号的次序及持续时间。再次是频率管控,即以确保各阶段重要电磁活动有效实施为牵引,合理调配各用频设备的使用频段。

(二)为夺取制电磁权跨域聚合力量

面对信息化强敌高度体系化的电子信息系统,仅依靠电子对抗系统的侦察与打击能力将难以适应联合作战夺取制电磁权的作战需求。应当以电子对抗力量为骨干,跨越电子对抗、情报侦察、火力打击等多个作战领域,聚合其中精锐作战力量为制电磁权斗争所用,以多个作战系统集成的形式实施夺取制电磁权行动。

一是跨域聚合多种侦察力量,对战场电磁态势实施联合侦察。充分调用联合作战力量编成内各军种电子侦察力量,以电子侦察飞机、地面侦察站、侦察船等侦察平台为主体,以电子对抗侦察、雷达侦察、光学侦察为主要手段,对战场电磁态势实施立体多维侦察。必要时申请使用电子侦察卫星实施航天电子侦察,或是从技术侦察部门获取相关电子情报。对于从多种渠道获取的情报信息,要依托信息系统进行情报融合,从而生成较为全面准确的战场电磁态势图。

二是由电子对抗支援侦察跨域引导火力打击力量实施实体摧毁。基于信息系统,构建从电子对抗侦察力量到诸军兵种火力打击力量的信息传输链路,将电子对抗侦察平台获取的敌重要信息节点的方位信息及时传送至炮兵、航空兵、导弹部队等火力打击力量，对电子进攻施效范围之外的敌信息节点予以火力摧毁，从根本上破坏其作战效能。

三是跨域聚合电磁打击力量与火力打击力量，对敌电子信息系统实施信火一体打击。一方面，对夺取制电磁权作战力量实施编组，不仅要根据目标电子信息系统各子系统的功能类型，集成多个专业的电子对抗力量，还要根据重点目标的平台载体类型，编入可对其实施高效杀伤的火力打击力量。另一方面，应着眼打击效能最大化实施目标分配，由电子对抗力量对信号载体实施干扰，对部分设备载体实施反辐射攻击；由火力打击力量对部分设备载体与平台载体实施火力摧毁，以此确保对目标系统的有效覆盖与重点毁瘫。

第四章 精确释能——电子对抗制胜的核心要求

精确，可理解为通过细致、严密的工作达到对实际情况或预期目的较高符合程度。经济领域的精确预算、工业上的精确生产以及行政上的精确管理，体现了信息时代人们在不同领域对精确化的追求。在战争领域，对能量释放精确化的不懈追求是推动战争形态转变的重要动力，并带动了为之服务的精确感知、精确控制、精确保障等一系列精确化行动的发展。信息时代，战争目的更为有限，长时间、高投入以及可能引发重大伤亡的作战是交战双方都力争避免的。以较小代价与毁伤实现战争目的是现代战争的根本准则之一，而通过提高释能精度来提升作战效能的集约型释能方式是践行这一准则的重要途径。另外，情报保障水平、指挥控制手段与武器装备信息化程度的提升，使军队具备了实现精确释能的物质基础。

作为战争形态转型对释能方式的必然选择，精确释能是信息化局部战争制胜的核心要求，同样也是电子对抗制胜的核心要求。首先，信息时代，敌我双方的军事行动以及民事活动对电磁频谱具有共同依赖性，使得电子对抗力量在实施电磁打击时必须在时间、空间、频段、强度等方面对能量释放进行精确控制，以减少附带影响。其次，电子对抗攻防双方在总体力量规模上的差距，不允许电子进攻方对敌实施不计资源消耗的粗放式电磁打击。因此电子进攻方应通过对能量聚焦、运用与控制的精确化提升电子对抗的集约性与可控性，以精确释能高效促进电子对抗制胜。

第一节 基本内涵

在传统作战领域，精确释能主要体现为使用导弹或精确制导弹药对敌重要目标实施高精度打击。在电子对抗领域，精确释能主要体现为将电磁能量或以电磁波为直接引导的动能与热能（如无特别说明，以下统称为电磁能量），精准释放于敌电子信息系统的关键节点，旨在提升作战效益，掌控打击效果。其基本内涵主要有三个方面：一是择要聚能，即明确集中释能的对象；二是因的用能，即选择与目标相匹配的释能手段；三是依效控能，即为达成预期效果对能量进行有效控制。

一、择要聚能——能量聚焦精确化

在战争形态由机械化向信息化演变的过程中，战争目的逐渐由歼敌掠地向毁能夺志转变，导致战争规模缩小、节奏加快，交战双方的对抗通常围绕某一关键领域或部分重点目标集中展开。信息化战场，重点打击支撑敌作战体系的重要节点以瘫痪其体系功能，是在有限时空范围内迅速达成战争目的的有效手段，而这一手段的本质就在于将作战能量集中并精确释放于若干关键目标，简言之，即择要聚能。在电磁斗争领域，由于敌电子信息系统的高度体系化，精确选择释能对象、有效聚焦电磁能量是电子对抗制胜的必然选择。择要聚能强调将有限的电磁能量精确聚焦于支撑敌信息系统的关键节点，是电子进攻方精确释能的首要前提，具体体现为电子进攻任务的精确制定，以及电磁打击目标的精确选择。

（一）电子进攻任务的精确制定

电子进攻任务是电子进攻方在作战中所要达到的目的和承担的责任，一是以电子对抗力量为核心夺取局部制电磁权，二是通过支援或掩护，为其他军兵种作战行动的高效实施创造条件。两者实质上都以掌控战场制电磁权为着眼点。信息化局部战争中，电磁活动在空间上涵盖了从太空到地面再到海洋的广阔领域，在时间上跨越平战界限、贯穿作战行动始终，因此，在敌对双方信息化程度没有形成"代差"的前提下，任何一方都难以全时空掌控电磁权。精确制定电子进攻任务的本质，就是根据联合作战整体任务与战场电磁态势，精确限定局部制电磁权的时空范围，为电子进攻方释放电磁能量提供基本依据。

一是释能时间的精确把握。首先是电磁能量释放时机的精确把握。对于电子进攻行动，释能时机的精确把握尤为重要。以对敌指挥通信实施干扰为例，干扰过早易暴露我作战企图，难以达成突然性，干扰过晚，敌方可能已经完成指挥信息的传递，我干扰行动将失去价值。应将干扰行动实施于我主攻行动发起前，敌指挥机构迫切需要通过指挥通信对所属作战力量进行控制协调之时，以此优化电磁能量的释放效果。其次是电磁能量释放时段的精确聚焦。在电磁能量一定的前提下，对于既定作战对象释能的时间越集中产生的效果就越好，反之则有可能弱化效果，这也是集中力量原则在时间上的体现。具体来说，对敌电子信息系统中同类关键节点同时或近乎同时地实施电磁打击，就有可能使其无法发挥系统的代偿功能而被瞬间毁瘫。

二是释能区域的精确选定。就联合作战整体而言，电磁战场涉及范围极其广阔，但在具体某一电子对抗行动中，电磁能量释放的区域则要求相对集中。一方面，释能方位主要取决于我电子对抗力量支援对象的行动区域、作战目标部署情况以及我电子进攻方作战能力。释能方位决定了电子进攻方能量释放的根本方向，精准选择释能方位是电磁打击行动有效支援其他军兵种作战行动，融入联合作战行动的必要条件。另一方面，释能范围决定了具体电磁打击行动的效能，这一范围选择得越精确，就越有利于集中能量、强化效果，反之则易造成能量的分散与效果的弱化。在确保有效覆盖目标的前提下，通过精确选定释能范围可强化对重点电磁打击目标的毁伤效果，有助于形成局部能量优势，从而迅速夺取局部制电磁权。

（二）电磁打击目标的精确选择

电磁打击目标是指赋予电子进攻方任务内所要干扰或摧毁的对象，主要选自敌电子信息系统中的关键节点。信息时代，军队电子信息系统的节点通常数量规模巨大。伊拉克战争中，美军依托数据链系统构建的侦察预警体系中，仅侦察卫星、海洋监视卫星和导弹预警卫星就多达百余颗，还有数量更为庞大的海上、空中以及地面侦察平台。面对纷繁复杂的敌电子信息系统节点，电子进攻方显然无法对其实施逐个打击，必须根据电子进攻任务精确选择电磁打击目标，将敌关键节点作为能量释放对象，以此实现电磁能量的精确聚焦。

一是打击目标的合理筛选。精确选择电磁打击目标实质上是一个从敌电子信息系统众多节点中排除较低作战价值目标，保留较高作战价值目标的筛选过程。这一过程在数量上体现为目标选择范围的缩小，即从所侦察到的目标数量逐渐向可打击的目标数量逼近；在质量上体现为目标对敌信息保障作用或是对我威胁性的提高，即从关键节点的未知状态向已知状态探寻。美军在空袭利比亚的"草原烈火"行动中将敌防空系统作为电子战主要作战对象,并通过全面系统的侦察分析,进一步锁定"萨姆"-5地空导弹系统的指挥通信与火控雷达为重点电磁打击目标,从而通过对目标的合理筛选明确了打击重点,为有效瘫痪敌防空能力奠定了重要基础。

二是打击次序的科学确定。电子进攻方可同时实施电磁打击的目标数量总是有限的,当待打击目标数量超过电子进攻方可同时打击的目标数量时,必须妥善解决电磁打击的先后顺序问题。此外,各电磁打击目标对系统整体的影响并非独立,而是相互关联,为实现打击效果最大化,哪些目标要优先打击、哪些目标要同时打击,同样涉及打击次序的确定问题。电子进攻方在筛选出电磁打击目标后,还要根据自身打击能力、目标属性及其相互关联,精确制定递进式打击清单以确定对各目标实施打击的先后顺序,其本质是将对目标系统的侦察与分析成果有效转化为具有可操作性的具体打击行动方案,以此强化电磁打击协调性与集约度,提升电子进攻总体效能。

二、因的用能——能量运用精确化

信息化战场,作战目标类型多样、特性各异,不存在一种可高效适用于所有类型目标的"普适型"释能手段。作战目标的高度分化催生了与其相适应的各种释能手段的涌现,即使对于被普遍认为是"粗放型"释能手段的核武器,人们也通过设计调整核战斗部性能以增强或削弱某些杀伤破坏因素,研发了适用于不同类型目标的中子弹、增强X射线弹、感生放射性弹等特殊性能核武器,旨在提高能量形式与作战目标的匹配程度。基于电子对抗制胜,精选释能对象是精确释放电磁能量的必要前提,但并不意味着获得理想释能效果的必然性。只有依据任务需求与目标属性精确运用释能手段,即因的用能，方能以行之有效的电磁打击行动取得预期战果。释能手段是为达成一定释能效果而采用的释能工具与释能方式的统称，在电子对抗中分别体现为电子进攻装备及电磁能量释放方式。因的用能的具体内涵就在于电磁打击目标与电子进攻装备的精确匹配，以及与释能方式的精确契合。

（一）电子进攻装备的精确匹配

电子进攻装备是专门用于电子进攻的武器、设备和制式器材的统称，主要包括电子干扰装备与电子摧毁装备，是电子进攻方的主要释能工具；而电磁打击目标则是电子进攻任务的细化。电子进攻装备与电磁打击目标的精确匹配实质上是工具与任务的一致，即根据具体任务有针对性地选择释能工具。

一是电子进攻装备的释能强度与目标预期毁伤程度的精确匹配。电子进攻方对各目标实施打击的毁伤程度需求有所差异，有的需要彻底予以摧毁，有的只需暂时削弱其作战效能，这就需要使用释能强度与目标预期毁伤程度精确匹配的电子进攻装备。对于需要彻底摧毁的目标，应采用具有较高释能强度的电子摧毁装备，例如运用反辐射武器或定向能武器对其实施硬摧毁；对于需要暂时削弱作战效能的目标，应采用释能强度适中的电子干扰装备对其实施软杀伤。

二是电子进攻装备的释能类型与目标类型的精确匹配。行之有效的电子进攻需要以电磁能量对敌电子信息设备的有效"进入"为前提。以电子干扰为例，电子干扰装备产生的干扰信号对目标信号必须达到时间上的重合、方向上的对准、频率上的覆盖以及工作方式上的匹配，才能确保对敌电子信息设备生成干扰效应。电磁打击目标类型众多，按功能可分为侦察预警类、无线通信类、制导火控类、导航定位类、敌我识别类等，电子进攻装备大多针对某一类特定目标专门研发，通常不具有普遍适用性，这就需要依据目标类型选择释能类型与之精确匹配的电子进攻装备，以此提高电磁打击的针对性。

三是电子进攻装备攻击能力与目标防御能力的精确匹配。电子进攻与电子防御是矛与盾的对立关系，在电磁斗争领域，不存在可以抵御一切电子进攻的防御之盾，也没有可以攻破一切电子防御的进攻之矛。为取得理想电磁打击效果，电子进攻方必须针对目标所采用的电子防御措施，选择具有相应电子进攻能力的装备予以打击。例如，对于采取猝发通信、跳频通信等在同一频点驻留时间较短的通信干扰目标，电子进攻方就必须选择反应速度快、跟踪能力强的侦扰一体装备予以应对。

（二）电磁释能方式的精确契合

电磁释能方式是指电子进攻方对电磁打击目标释放能量的方法与形式。释能方式与电磁打击目标的精确匹配实质上是方法与任务的一致，即根据具体任务选择合适的工具使用方法。

一是作战编组与目标系统构成的精确契合。信息化战场，敌电子信息系统功能多样、结构复杂，各节点联系紧密、互为支撑。电子进攻方的作战对象不再是离散的点目标，而是一个目标系统。这一目标系统由不同属性的目标电子信息设备构成，通常包括通信电子目标、雷达电子目标、光电电子目标、导航电子目标等。为确保形成与任务需求相对应的综合电磁打击能力，电子进攻方应针对各目标属性，将通信对抗、雷达对抗、光电对抗、导航对抗等多个专业的作战力量，组合为与目标系统构成精确契合的作战编组。

二是作战配置与目标方位的精确契合。在装备作战性能既定的前提下，电磁能量对目标的作用效果受到辐射方向、传送距离以及传送路径中地形地貌等空间因素的影响。合理的电子进攻配置应兼顾机动、防卫、电磁兼容等，但强化释能效果始终是电子进攻方实施作战配置的核心目的。作战配置与目标方位的精确契合，体现为依据目标方位将电子进攻装备精准布置于可对目标实施有效能量接触与作用的适当位置，克服空间因素对释能的不利影响，利用空间因素的能量增益作用强化释能效果。

三是能量分配与目标价值的精确契合。能量分配是指电子进攻方为完成电子进攻任务，将目标作为释能对象分配给所属各作战单元或平台的活动。电磁打击目标价值各异，不可一概而论、均分能量，有的目标对我构成重大威胁或对敌作战体系具有重要支撑作用，需集中精锐予以重点打击，有的目标价值相对较低，无需占用过多的电子对抗资源。能量分配与目标价值的精确匹配是指依据目标的重要程度，通过对各作战单元或平台目标打击任务的合理区分，将能量有计划、有侧重地精确分配于各目标，是因的用能在具体电磁打击行动筹划上的直接体现。

三、依效控能——能量控制精确化

作为人类社会发展过程中的必然产物，战争在积极推动历史进步的同时，也产生了灾难性的破坏作用，这迫使人们对战争控制问题展开思考。战争控制是指对战争的发生、目的、进程、手段、规模、强度等进行掌握和制约的活动，其作用是主动且理性的驾驭战争，最大限度地限制战争手段的消极影响并充分发挥其积极作用。战争手段的本质是能量的转移与释放，因此在作战行动层面，战争控制具体体现为对释能行动的控制。电磁斗争是现代战争的重要组分，掌控电磁斗争对有效控制现代战争的进程与结局具有重要促进作用。达成电磁斗争可控性的关键在于依效控能,即依据作战效果,对电子进攻方释放电磁能量的范围、手段等方面实施精确控制。

(一) 电磁释能范围的精确限定

随着电子信息技术的飞速发展,用频设备广泛运用于包括军事活动在内的几乎所有社会活动中。信息化战场,多方电磁信号在空间及频谱上高度混杂且拥挤,因而不可能存在一片专门划定为敌我双方展开电磁斗争的空间及频域,电子进攻行动大多将在情况复杂的地理空间及电磁空间中实施。加之远程大功率干扰站、电子干扰飞机、电磁脉冲武器等装备的列装,在提升电子进攻方远距离大范围电磁打击能力的同时,也增加了误扰误伤重要民用电子设备或中立方电子设备的可能性。基于上述分析,有必要通过限制电子进攻方的释能范围,避免由电磁打击无谓扩大化带来的法理纠纷、附带毁伤等负面影响。

电磁释能范围是电子进攻方通过释放电磁能量产生毁伤效应的空间界限及频谱范围。电子进攻方不能单纯依据自身作战能力拓展电磁释能范围,而要根据联合作战战局控制需求,主动将电磁能量精确限定在一定的空间界限与频谱范围内,明确哪些区域或频率不准干扰。对空间界限的限定主要指根据敌方、我方、中立方以及民用电磁设备的分布,设置一定的干扰禁区,将相对固定且集中的中立方与民用电磁设备划入禁区之中。对频谱范围的限定主要指根据各方电磁信号在频率上的分布,将不宜干扰的重要民用信号以及中立方信号设置为保护频段或频点,在实施电磁打击时有效规避。

(二) 电磁释能手段的精确掌控

萌生于机械化战争初期的电子对抗，长期以来受限于作战思想与装备性能水平，运用释能手段的出发点主要在于提高释能强度，着重解决"扰不乱""遮不断"的问题。机械化战争后期至今，电子对抗装备发展迅速，尤其是大功率干扰装备、电磁脉冲武器、定向能武器等逐步列装，在极大提升电子进攻方释能强度的同时，也引发了"过度打击""能量滥用"等问题，使得精确掌控释能手段的必要性凸显。

一是对力量投入的控制。精确掌控释能手段的根本目的是尽量缩小预期释能效果与实际释能效果的偏差，尤其要防止过度释能，而控制电子对抗力量的投入是实现这一目的的前提条件。控制力量投入一方面体现为对力量投入规模的制约，即根据电磁打击目标的数量与类别，调集相应规模的电子对抗兵力，强调以兵力质量优势与配系优势制敌，而非盲目扩大兵力数量；另一方面体现为对力量投入级别的制约，即根据目标的军事价值投入与之级别相应的电子对抗力量。

二是对释能强度的控制，即根据任务需求将释能强度控制在一定范围内。并非所有电子进攻行动都以彻底破坏敌电子信息系统作战效能为目的。例如试探性干扰、电子欺骗等就强调以适中的能量强度，诱使敌方作出有利于我的电磁活动，能量过强反而有可能造成无法实现预期效果。因此，必须对释能强度实施精确控制。

需要注意的是，基于"因的用能"的释能手段精确运用，与基于"依效控能"的释能手段精确掌控之间存在本质差异。前者强调根据目标特性选择效用相匹配的释能手段；后者强调根据预期作战效果将释能手段控制在一定的限度内。前者讲求"兵来将挡，水来土掩"；而后者讲求"量敌用兵"。两者各有侧重，不重复也不矛盾。

第二节 内 在 依 据

一、精确聚能对电子对抗效益的提升作用

交战双方通过战争手段实现政治目的的同时，必须承担相应的战争消耗。不存在无需消耗的战争，也没有任何一个国家或政治集团愿意发动一场不计代价的战争。尽可能以较小的代价获取较好的效果，即提升效益，成为现代战争的重要准则。参照"训练效益"的定义——训练效果与训练中人力、财力、物力、时间等投入的比例关系，宜将电子对抗效益理解为：电子对抗效果，尤其是电磁打击效果与所投入电子对抗资源的比例关系。对于电子进攻方而言，提升电子对抗效益是作战筹划与实施的基本着眼点。单纯注重提高能量释放强度与范围尽管能够强化效果，但由于资源消耗过大，无益于提升电子对抗效益，而精确释能在优化电磁打击效果的同时可降低资源投入与消耗，是提升电子对抗效益的必然选择。

（一）高效优化对敌方电磁打击效果

在战争形态演变过程中，人们逐渐认识到仅依靠增大释能强度与范围对作战效能的提升较为有限，并可能导致一系列负面效应。因此，机械化战争中广泛采用的"饱和式打击""地毯式轰炸"等释能方式已不适应信息化局部战争电磁斗争需求，取而代之的是强调能量高效聚焦、直达要害的精确释能方式。精确聚能强调精选敌电子信息系统中具有重要支撑作用的关键节点作为释能对象，旨在

高效优化对敌电子防御方的电磁打击效果。

敌电子信息系统节点众多,且具有网络化特征。逐一毁瘫所有节点进而积小胜为大胜的电磁打击难以奏效,必须针对目标系统若干关键节点集中释能令其功能瘫痪,因此精选释能对象至关重要。将有限的能量精确集中释放于目标电子信息系统中的关键节点,可事半功倍地实现瘫体破击,而释能对象选择欠准则有可能收效甚微。以美军野战地域通信网为例,该类通信网通常由大量广泛分布的通信终端以及少数具有链路汇接、信息交换功能的通信枢纽组成,具有无标度网络特征[①]。因此可将通信终端视为网络中的普通节点,将通信枢纽视为网络中的中枢节点。根据无标度网络理论,即使普通节点损毁的数量达到40%,无标度网络仍可凭借代偿功能在一定程度上维系整体连通性,而中枢节点损毁的数量一旦达到10%,网络结构就有可能被瓦解。对此类通信网中的通信卫星、交换接力车等中枢节点实施重点电磁打击,可高效优化打击单个目标对敌通信网整体连通性的破坏效果,从而以精确聚能实现击要瘫体。

(二) 提高电子对抗资源利用集约度

电子对抗资源是指可用于电子对抗行动的人员、装备、器材、数据、信息等的统称。集约的本义是指依靠科技进步和现代化管理,提高产品质量,降低物质消耗与劳动消耗,实现生产要素合理配置,讲求经济效益的生产经营方式。电子对抗资源集约利用可理

---

① 无标度网络是指各节点所拥有连线的数量分布符合幂律分布的复杂网络。在无标度网络中大多数节点拥有连线数量较少,少数节点拥有大量连线,前者即普通节点,后者即中枢节点。无标度网络抵御随机攻击能力较强,而针对中枢节点的蓄意攻击则对其具有显著破坏效果。

解为通过提高对电子对抗相关人员、装备、物资的运用效率,以较小的消耗达到预期效果,进而提升电子对抗效益的一种资源利用方式。精确的本质是以最有效的方式使用战争资源,精确聚能的制胜作用不仅体现为优化单个目标的电磁打击效果,还体现为提高单位资源的利用集约度。

信息时代,随着电子信息系统日趋网络化、体系化,以及武器装备的广泛信息化,电子防御方所依托的作战力量几乎遍及所有参战部队。相比之下,主要由专业电子对抗力量构成的电子进攻方尽管不断发展壮大,但在力量规模上始终无法与电子防御方形成对等之势,更不具备对敌所有电子信息设备实施有效打击的作战能力。在这一对比情势下,如果电子进攻方仅采用加大资源投入,而不注重提高利用效率的粗放型资源利用方式,势必造成资源浪费与效果分散,从而影响战斗力的持续与集中。所谓"好钢用在刀刃上"的斗争哲学,与集约型资源利用方式在本质上一脉相承,都强调将有限的资源用在关键之处,以加强资源利用集约度来提升作战效益。在力量规模与作战能力相对有限的前提下,电子进攻方要将精锐力量有效集中于对主要方向敌电子信息系统关键节点的决定性打击,对次要方向或次要目标则尽量控制投入、节约资源,以此确保优质电子对抗资源用于高价值目标,从而有效提高对电子对抗资源利用的集约度,以最小资源损耗达成最佳打击效果。

二、精确用能对释能效果生成的保障作用

通过一定的暴力手段迫使敌人服从我方意志,是战争的本质目的。这种暴力手段在具体作战行动中通常体现为将一定形式的能量有效作用于敌,以生成某种释能效果迫使敌人屈服。运用电磁能量

对敌电子信息系统实施软硬毁伤是电磁斗争领域的暴力手段，精确用能则是运用这一手段生成释能效果的重要保障。

（一）确保电磁能量与目标有效接触

电子对抗中的能量接触是指，由电子进攻装备承载或释放的能量与电磁打击目标在空间上的接合与触及。例如反辐射导弹在命中或接近敌辐射源时爆炸，是动能及热能与目标的接触；电子干扰装备发射的干扰信号到达敌用频设备，是电磁能与目标的接触。只有与目标发生能量接触才有可能实现对目标的能量进入，进而产生释能效果，而精确用能的重要目的之一即确保电磁能量与目标的有效接触。

为确保与目标的有效接触，无论是动能、热能还是电磁能都必须依附于一定的能量载体进行精确释放。在硬杀伤手段方面，反辐射导弹、反辐射无人机等制导武器是动能与热能的主要载体，其精确用能主要体现如下：利用此类载体导引头的辐射源寻的功能，精确引导载体飞向目标，从而直接命中或充分接近目标后爆炸，以此实现能量有效接触。作为电磁打击中的软杀伤手段，电子干扰是利用电磁能量对敌电子信息设备或系统进行扰乱的活动。电磁能量的直接载体是电磁波，其本身不具有寻的功能，其精确用能主要体现如下：根据目标方位，遵循并利用电磁波传播原理，精确选定电子干扰装备的配置位置与发射方向，采用合适的传播方式将一定强度的电磁波精准辐射至目标以实现能量有效接触。以短波天波干扰为例，基于天波传播的有关特性，通过精确计算选定干扰站的位置、发射方位角、发射仰角等，将干扰对象置于天波传播的盲区与最远投射距离之间，方可确保电磁能量对目标的有效接触。

（二）增强电磁能量进入目标的程度

能量与目标的接触并不意味着必然产生作用效果，能量对目标的有效进入才是促使"接触"向"生效"转化的关键因素。电子对抗中的能量进入是指电磁能量在与目标发生接触后由目标外部向内部的深入或转移，在强度一定的前提下，能量进入程度越高产生的电磁打击效果就越显著。以电磁脉冲攻击为例，同等强度的电磁脉冲对电子设备进入程度最高，可通过天线、线路等部位进入内部电子元器件，产生的破坏效应也最显著；对人体的进入程度次之，能够产生一定的神经系统扰乱效果；对于非电子设备的进入程度最低，几乎没有作用效果。精确用能强调电磁能量形式与目标的精确匹配，可增强电磁能量进入电磁打击目标的程度。

电磁能量对目标的有效进入不仅以方位上的准确为前提，还强调在时间、频率、信号样式等维度与目标的精确匹配，原因是敌用频设备通常采用控制工作时间、限制接收频段、设置特定信号解调样式等复合手段排除无用信号。对于电子进攻方而言，所产生的干扰信号如果在时间、频率、信号样式等任一维度与敌有用信号失配，都将影响电磁能量对敌用频设备的进入程度，且能量形式的失配较难以能量强度来补偿。以瞄准式干扰为例，一旦频率引导失准，用于干扰的电磁能量就会被敌信号接收设备部分甚至全部滤除，即使提高干扰功率也无法达成预期干扰效果。因此在能量有效接触的基础上，确保能量形式与目标的多维精确匹配，可使敌在接收有用信号时无法排除干扰信号的不利影响，或是错把干扰信号作为有用信号来处理，从而实现电磁能量对敌电子信息设备的有效进入，确保干扰效果生成。

三、精确控能对战争局面可控的促进作用

信息时代，无论军事行动还是民事活动，电磁频谱都是极其重要的共享性资源。敌对双方围绕制电磁权展开的电磁斗争成为战争制胜的关键，可以说谁能有效掌控与制约电磁斗争，谁就更有可能掌控与制约战争全局。从主动进击的角度看，有效掌控与制约电磁斗争的关键在于对电磁能量的精确控制。电子进攻方实现精确控能既有助于加速达成整体作战目的，又有利于避免附带毁伤，对达成战局可控具有重要促进作用。

（一）有助于加速达成整体作战目的

"夫兵久而国利者，未之有也。"古往今来，速战速决始终是战争指导者控制作战进程的重要原则，信息时代尤为如此。在政治层面，随着全球一体化进程的加速，现代战争往往涉及多方利益，加之信息传媒的高度发达，战争一旦爆发就会成为国际社会的关注焦点，如果久拖不决势必面临多方压力。在经济层面，由大规模高强度军事对抗导致的巨大物资消耗，即使是军事强国也难以长期承受。在军事层面，信息化战场态势复杂多变，作战进程过长势必增加作战保障、指挥控制以及攻防行动的难度。电子进攻方通过精确控能，以"直达式"释能直击敌方要害，可有效加强对电磁斗争乃至联合作战在兵力投入、施效范围、对抗强度等方面的控制，有助于以"小战""速战"高效达成作战目的，实现速战速决。

机械化条件下，军队由于信息获取能力与目标打击能力相对有

限，在进攻作战中通常采用先打击敌外围作战力量再打击核心目标的层层推进方式。信息时代，依托远程精确打击手段，军队具备了直取敌要害目标的作战能力，为快速破击敌作战体系提供了物质基础。电子信息系统是敌作战体系发挥效能的基本依托，电子进攻方通过精确控能对其关键节点进行施效范围精准、释能手段匹配的电磁打击，可在不与敌作战力量展开大规模全面对抗的前提下对其电子信息系统实施直达式毁瘫，使其在兵力尚存时陷入感知迷茫、通信中断、指控失效的困难境地，既能迅速动摇敌抵抗决心，又将为我后续作战行动扫清障碍、创造优势，进而加速夺取战场制电磁权乃至综合控制权。第二次车臣战争中，俄军在主攻行动前越过敌防御兵力，直接对车臣非法武装在格罗兹尼的主要侦察和通信系统施以精准高效的干扰压制与反辐射攻击，迅速毁瘫敌指挥机构的信息能力，为其后续火力打击与兵力占领行动的顺利实施创造了条件，从而以电子对抗的直达速胜，促进了联合作战行动整体上的速战速决。

（二）有利于避免目标打击附带毁伤

附带毁伤是指对打击目标之外的设施或人员造成的毁伤。机械化战争以来，武器装备的打击强度与杀伤范围迅速提升，交战双方受限于技术手段，在打击军事目标的同时可能对平民、民用物体[①]、生态环境造成一定的附带毁伤。信息时代的全球经济一体化格局与信息化局部战争相生相伴，目标打击行动产生的附带毁伤有可能损害多方利益，加之信息传媒的高度发达，一旦相关证据曝光，将招致舆论谴责、多方制裁甚至军事干预，从而导致局面被动甚至失

---

① 指战争法规定的，战时不得实施攻击不属于军事目标的物体。

控。为避免附带损伤对战争控制的负面影响，以"地毯式轰炸"为代表的粗放型释能方式逐渐退出战争舞台，取而代之的是以精确打击为代表的集约型释能方式。电子进攻方通过精确控能，能够以"选择性"打击有效避免附带毁伤，契合了信息时代战争释能方式的转变。

一方面，针对高度信息化的作战目标，精确选择相应的电子进攻手段予以打击，能够有效避免对电子信息设备以外目标的附带毁伤。与传统火力打击手段相比，电磁打击具有显著的"选择性毁伤"效应。以电子干扰为例，其毁伤效应主要体现为对电磁接收设备功能的暂时性削弱与破坏，不会对人员与其他设施产生影响。即便是作为硬摧毁手段的电磁脉冲攻击，也主要用于毁坏电子信息设备而非其他类型目标。另一方面，依据作战目的精确掌控电子进攻手段，能够进一步避免对电磁打击目标以外电子信息设备的附带损伤。信息时代，包括军事行动在内的几乎所有社会活动都高度依赖电子信息系统，电子信息系统的高度体系化在为社会活动带来便利的同时，其安全隐患也随之暴露。科索沃战争中，美军使用电力干扰弹攻击南联盟电力设施，引起塞尔维亚地区大面积停电，在破坏南联盟战争潜力的同时导致其医疗卫生、交通、金融等民事机构中的电子信息系统全面瘫痪，造成了严重的次生危害，所产生的负面影响已超过军事价值。加强对电子进攻手段，尤其是战略战役级电子进攻手段的掌控，依据有限的战争目的精确运用相匹配的电磁释能手段，可有效制约电磁毁伤范围与程度，进而避免电磁打击引起的附带毁伤。

第三节 实现途径

电磁能量的精确释放并非一蹴而就的简单行为,而是环环相扣的精密过程。这一过程包括态势感知、目标选择、目标打击、效果评估、行动调控等环节,而任一环节的失准都会影响释能的精确性,因此精确释能是电子对抗作战过程的"全程精确",而不仅仅是某一环节的"局部精确"。信息对物质与能量的运行具有主导作用,电子进攻方必须有效构建信息获取、处理、传输与反馈这一信息活动回路,在此基础上强化对电磁能量的精确驾驭与掌控,以精确选定电磁打击目标、精细组织电磁打击行动、精准评估电磁打击效果实现精确释能。

一、精确选定电磁打击目标

作为电子进攻方的释能对象,电磁打击目标的选定不仅关系到夺取制电磁权行动的效率,也对联合作战整体意图的实现具有重要影响。精确选定电磁打击目标,是实现精确释能的首要前提。信息化局部战争中,电子进攻方在选择目标时必须着重解决三个问题:一是多方用频设备的广泛运用造成了战场电磁环境的复杂化,如何在复杂电磁环境中有效探明敌情的问题;二是敌方各类战场用频设备逐渐由分离式的孤立状态向组网式的体系状态发展,如何选取关键节点进行打击以实现体系破击的问题;三是电子进攻方不可能对所有目标实施并行打击,如何安排打击次序的问题。为解决上述问题,首先应实施有效侦察以获取目标情报,其次要将敌各类电子信息设备进行系统分析以构设目标系统,最终基于己方作战企图及作战能力、目标的重要程度及威胁等级等多方面因素确定目标清单。

(一) 侦察先行，精确获取相关目标情报

目标侦察是确保目标选择精确有效的主要保障手段。电子进攻方所实施的目标侦察是指为获取电磁打击目标的性质、位置、结构、状态等有关情报而进行的侦察。需要注意的是，目标侦察的对象并非仅限于进入最终目标打击清单的若干目标，一是因为目标侦察是制定目标打击清单的前提条件，前者先于后者进行，实施目标侦察时并不能确定哪些敌电子信息设备最终能成为释能对象；二是因为目标选定的本质在于从若干备选目标中筛选一部分进入目标打击清单，而适当扩大选择范围有助于实现优选。因此对电磁打击目标实施目标侦察的本质是，在合理范围内获取敌电子信息系统及相关武器平台的情报，为最终选定目标提供适当数量的备选对象与充分的选择依据。

一是有效发现。电子进攻方实施目标侦察的首要步骤是确定战场上存在哪些可作为电磁打击目标的敌电子信息设备或系统，即有效发现。需将电子对抗侦察与雷达侦察、光学侦察等多种侦察手段有效结合，通过多种途径感知并印证当面之敌电子信息设备或系统的投入使用情况，既要尽量减少遗漏，还要确保情报的真实可靠。

二是查明特性。有效发现电磁打击目标后，需进一步查明其物理特性、功能特性与环境特性。其中物理特性包括目标的辐射源特征、位置等信息，获取手段以电子对抗侦察为主。功能特性包括目标的作用类型、施效范围、平台机动能力、电子防御能力等信息。为探明功能特性，需拓宽情报获取途径，在电子对抗侦察的基础上采取查询数据库、向有关部门申请情报支援等方式。环境特性是目标所在地理环境、社会环境与电磁环境的有关情况，主要包括可能对电子进攻行动产生影响的环境因素，以及对目标实施电磁打击时

可能影响到的其他设施的情况,例如敌通信信号活动频段的电磁环境复杂度,或是敌电子信息设备周边的民用设施。为查明环境特性,应适当扩大侦察范围,综合运用多种侦察手段,全面系统地获取电磁打击目标所在环境的相关信息。

三是探明关联。信息化战场电子信息系统的显著特征之一就是连通性。以美军防空体系中的电子信息系统为例,各型作战飞机、卫星、水面舰艇以及地面防空火力单元的电子信息设备,依托数据链实现了广泛连通。对该类电子信息系统进行侦察时,既要汇总各终端的技战术参数,更要把握节点之间是否存在关联以及如何实现关联,以此为构建目标系统提供依据。探明电磁打击目标间的关联,不仅要在战时加强侦察监视,更要注重平时的情报积累,只有将平时与战时获取的有关信息有效融合并做深度挖掘,获取敌信息系统的组成结构与连通方式,方能实现对目标关联的把握。

(二)综合分析,精确构设目标系统结构

电磁打击目标系统是电子进攻方对拟实施电磁打击的目标,按其性质、功能等属性进行归类、整合后经科学建模而形成的系统。作为由具体目标情报向目标选择决策转化的关键环节,构设目标系统的本质是对电磁打击目标各类相关信息进行连贯思考、综合统筹,进而得出初步目标情报成果的信息处理过程。信息化局部战争中,电磁斗争呈现出体系对抗的特点,电子进攻方的作战对象不再是分离式电子信息设备,而是高度集成化的电子信息系统。目标侦察提供的信息量大,且内容较为零散、片面,为避免迷失在纷繁复杂的信息之中而难以抓住重点,电子进攻方在处理目标情报时应加强系统分析、把握目标关联,精确构设目标系统结构。

一是确定目标系统的组成元素。电磁打击目标系统并不等同于敌电子信息系统整体，而仅仅是后者的一部分，其组成元素是电子进攻方从众多备选目标中初选出的若干个体。确认目标系统的组成元素，要根据备选目标的功能特性以及连通性，筛选出具有同一功能指向且相互关联的目标。例如将敌防空体系中的防空情报雷达、武器控制雷达、跟踪制导装置等，若干同为防空火力运用提供信息保障且高度关联的电子信息设备归为一类，作为电磁打击目标系统的组成元素。

二是建立目标系统模型。电磁打击目标系统涉及范围较广、组成元素类型多样、相互关联复杂，需要根据一定的科学理论将其抽象描述成目标系统模型，以便后续分析处理。在众多指导建模的理论中，网络科学将系统抽象为节点与连线的组合，构建出的拓扑结构图能够简明直观地表征整体属性，是建立电磁打击目标系统模型的有效方法之一。具体建模方法是将目标系统所在区域按一定比例缩小，将各备选目标简化为相应位置的节点，用连线表征目标间存在的关联，用连线连接各节点，从而形成描述电磁打击目标系统的拓扑结构模型。在拓扑结构模型中，可根据各节点的度[①]判断目标价值，预测毁瘫该节点对目标系统整体连通性的影响，并将其作为最终选定电磁打击目标的重要依据。

（三）筛选排序，精确制定目标打击清单

作为目标选择活动的成果形式，电磁打击目标清单规定了最终确定要实施电磁打击的对象以及打击顺序，对电子进攻方侦、控、打、评一系列作战行动具有核心指导作用。在科学构设目标系统的基础上，制定电磁打击目标清单需要统筹考虑作战任务需求、己方

---

① 拓扑学中，网络内某一节点拥有的连线数量被定义为度。

作战能力、目标特性、目标系统结构、毁伤目标产生的正面与负面效应等多方面因素，将目标选择的范围逐步缩小，以筛选出最佳电磁打击目标，并进行排序。

一是根据任务要求明确目标选择方针。电子进攻任务规定了电子进攻方的主要作战对象、作战区域以及作战行动所要达到的预期效果等核心要求，是电磁打击目标选择的首要依据。电子进攻方应根据上述任务要求制定目标选择方针，在宏观上明确目标选择的范围与类别等，实现对电磁打击目标的初步筛选。例如在遂行区域电子防空任务时，应根据任务区域位置与敌空袭兵器来袭方向确定目标选择的主要空间范围，并将对敌空袭兵器命中精度具有重要保障作用的导航雷达、轰炸瞄准雷达以及 GPS 接收机作为目标选择的主要对象，以此突出打击重点、契合任务要求。

二是根据己方打击能力进一步限定目标选择的范围与数量。电子进攻方的实际打击能力决定了其目标选择的最大范围及数量，对超出打击能力范围以外的目标，即使选中也难以有效毁伤，反而浪费了电子对抗资源；若选中的目标过多，使电子对抗系统满负荷甚至超负荷运转，将造成整体作战效能的下降，且难以有效应对战场突发情况。因此全面客观地分析己方打击能力，将目标选择的范围与数量限定在电子进攻方力所能及的范畴之内，是目标选择活动中主观指导符合客观实际的必然要求。

三是慎重考虑目标毁伤可能产生的负面效应，确定禁止打击目标。为彰显我电子对抗目的的正义性、确保电子对抗行动的法理性，必须将确定禁止打击目标作为目标选择的一项重要工作来落实。电子进攻方需有效预判对各备选目标实施毁伤后产生的负面效应，例如打击敌对国家或地区重要电力设施可能导致的次生灾难，或对敌军民两用卫星实施干扰而引发的法理纠纷等。当对某一目标实施电磁打击较有可能对实现整体作战目的及控制联合作战战局产生不利影响时，应立足联合作战全局乃至战争全局的高度慎重权衡目标的打击价值与负面效应，视情将其列为禁止打击目标。

四是根据目标价值进一步优选目标。经过前三个步骤，电子进攻方在理论上可对筛选出的任何备选目标实施电磁打击，但为提升作战效益，突出电子进攻的针对性与重点性，还应根据目标价值的大小对各备选目标实施进一步优选。目标的"对敌有效性"与"对我威胁性"是确定目标价值的两大依据。前者是指目标在目标系统中发挥的主导、支撑、连接等作用；后者是指目标对我造成的事实或预期妨害。电子进攻方应当综合权衡目标的"对敌有效性"与"对我威胁性"，采用定性定量相结合的方式确定目标价值，并根据价值大小进一步优选出若干最佳电磁打击目标。

五是对优选出的最佳目标进行排序，以确定打击顺序。进行目标排序时，一方面要符合电子进攻方的并行打击能力。当目标总数量超过了能够同时打击的数量时，就要综合考量目标价值及时间敏感性等因素，确定首批打击目标以及后续若干批次打击目标。另一方面要服务于特定的电子进攻战法，根据战法运用的步骤确定目标打击顺序。例如针对敌防空雷达系统的"扰毁结合"战法，就是先对敌防空情报雷达实施欺骗式干扰，诱骗火控雷达开机后再对其实施反辐射摧毁。

二、精细组织电磁打击行动

电磁打击目标选定为电子进攻方的能量释放明确了作用对象，解决了"对什么释能"的问题，在此基础上还需精细组织电磁打击行动，通过精细分配电磁打击目标、精细运用电磁打击手段、精细实施电磁打击协同，解决"如何释能"的问题，为精确释能提供有效的行动指导。

（一）统筹考虑，精细分配电磁打击目标

电磁打击目标分配的实质是将列入打击清单的目标具体指派给所属电子对抗力量，通过合理的资源配置，解决"由谁来打"的问题。联合作战中的电子对抗力量通常由不同级别多个专业的电子对抗部（分）队组成，其作战能力各有所偏重，可遂行的目标打击任务也不尽相同。应统筹考虑各部（分）队基本任务、作战能力等多方面因素，最大程度的实现释能主体与释能对象的精确匹配，实现精细分配、各尽其能。

首先，分配至各部（分）队的电磁打击目标要与其基本任务相一致，确保量敌用兵、专业对口。按照遂行任务的专业性，电子对抗力量可进一步区分为担负各类专业对抗任务的通信对抗力量、雷达对抗力量、光电对抗力量、导航对抗力量、反辐射攻击力量等。在查明目标基本属性的基础上，应根据对抗专业将各类电磁打击目标指派给各对口专业力量实施电磁打击。

其次，分配至各专业力量的电磁打击目标要与其作战能力相匹配，确保能力可行、效益有利。一是依据各部（分）队能力范围分配目标。电子进攻方所属各部（分）队在作战能力上各有所侧重，指派具体电磁打击任务时要确保分配的目标处于各部（分）队能力范围内，避免出现超越其能力的目标分配策略。二是依据各作战单元能力水平分配目标。部分电磁打击目标可由多支电子对抗部（分）队实施打击，若目标价值较高，则需指派具有较强作战能力的精锐电子对抗力量实施打击，反之，则无需占用优质电子对抗资源，以此实现资源的优化配置，提高电子对抗效益。

再次，实施电磁打击目标分配时，应预留部分精锐电子对抗兵

力作为预备队,确保留有余地、有效应变。由于目标侦察手段的有限性以及敌电子防御方采取的反侦察措施,电子进攻方对目标情况的掌握不可能达到绝对全面与准确,在行动过程中有可能发生对部分电磁打击目标难以有效毁伤,或是出现目标清单以外的高价值目标等突发情况。这就要求电子进攻方在实施目标分配时需保留部分精锐兵力作为预备队,暂不对其指派目标打击任务,待上述突发情况出现时再视情将其投入使用。

(二) 基于目标,精细运用电磁打击手段

电磁打击手段运用是指为达成预期目标毁伤效果而对电磁打击手段的选择与使用,旨在解决"用什么打"以及"怎么打"的问题。电磁打击手段总体可分为电子摧毁手段与电子干扰手段两类。前者可进一步分为反辐射攻击手段、定向能攻击手段、电磁脉冲攻击手段等,其中反辐射攻击手段是现阶段电子进攻方的主要电子摧毁手段,具有自动寻的、毁伤彻底的优点,但适用范围有限(主要用于摧毁厘米波段以下辐射源),且打击成本较高,需精确、慎重地选择打击对象。后者可进一步分为压制性干扰手段与欺骗性干扰手段,具有适用性强、使用成本低的优点,但毁伤效果具有暂时性,且实施过程对精度要求较高。上述任何一种手段都不能"包打"所有电磁打击目标,需根据目标特性的差异,精确选择相应的手段实施电磁打击,确保因的用能。选定电磁打击手段后还需着眼目标打击效果,注重手段使用的精确性,提高打击精度与效率。

精细运用反辐射攻击手段,一是优选目标。电子进攻方实施反辐射攻击的主要武器装备是反辐射导弹及反辐射无人机,其数量有限且无法重复使用。应将反辐射武器作为电子进攻的"撒手锏",精选敌信息系统中枢节点或是对我构成重大威胁的用频设备实施

"定点清除"，例如敌防空体系中的火控雷达、雷达干扰站等，确保"好钢用在刀刃上"。二是精确引导。尽管反辐射武器具有自主寻的功能，但易受目标周围或飞行路径中其他同类辐射源的影响。运用反辐射攻击手段时应掌握攻击区域的辐射源分布情况，辨明打击目标后根据目标位置合理配置反辐射武器的运载平台或发射阵地，将其精确引导至有效的攻击阵位，提供相对合理的攻击路线，为精确打击奠定基础。

　　精细运用电子干扰手段，一是精判目标。电子信息设备在种类、用途等方面的高度分化使电磁打击目标在属性上具有高度差异性，这就要求电子进攻方在实施干扰前需运用电子对抗侦察等侦察手段对目标相关特性进行精确判别，为电子干扰手段的选择与使用提供依据。主要判别内容包括目标的地位作用、配置地域、活动规律、工作频段、信号样式等。二是把握时机。电子干扰行动通常以支援、掩护其他军兵种作战为最终目的，由于电子干扰效果具有暂时性且不可积累，为加强电子对抗力量与其他作战力量在行动上的协调性，需精确把握电子干扰手段的使用时机。以运用箔条干扰掩护航空兵突防为例，使用过早可能因箔条已逐渐散落而弱化掩护作用，若错过最佳投放时机，突防机群可能已进入敌防空雷达探测范围，同样无法产生预期干扰效果。应综合考虑突防机群的飞行速度、敌防空雷达的位置与探测范围、箔条的下降速度以及其他相关因素，通过精确估算确定箔条投放时间，确保突防机群进入敌防空火力范围时形成有效的干扰走廊。三是精确配置。电子干扰效果受到距离、地形、电磁波传播方式等空间因素的限制，为确保在干扰目标处形成有效的干信比，应在兼顾防护、机动、保障等多方面因素的基础上，以提高干扰效果为核心着眼点，精确测算电子干扰装备的配置位置。以短波天波干扰为例，需根据电离层高度、干扰波束宽度、能量辐射仰角等参数，精确计算干扰能量经电离层反射后返回地面形成的有效干扰区域，再根据目标位置定下干扰装备的配置位置，从而实现干扰能量的有效投送。四是匹配用能。同一种火力打击手段通常可对多种目标实施毁伤，而电子干扰手段通常不具有火力打击手段的普遍适用性，需根据目标的辐射特性差异，选择与之匹配的能量形式予以干扰。以雷达干扰为例，为实现有效干扰，干扰信号频率与雷达工作频率需一致，干扰信号的样式、极化方式与雷达信号样式、极化方式需匹配，实施欺骗式干扰时还需确保干扰信号与真实回波信号在细微信息特征上高度相似。

（三）着眼增效，精细实施电磁打击协同

电磁打击协同是各电子对抗力量共同遂行电磁打击任务时，按照统一计划在行动上进行的协调配合，重在解决"怎么协作"的问题。信息化战场，电子进攻方的作战对象通常以目标系统的形式存在，任何单一作战力量都不可能独立遂行对整个目标系统的电磁打击任务，只有在各电子对抗力量分别承担一部分打击任务的基础上，通过精确协同有效整合各电磁打击行动，方可实现整体打击效果的高效增益。

一是精确组合打击手段。为强化对目标系统的整体打击效果，应采取信火结合、欺扰并举的复合式电磁打击手段。指挥员需在针对单个目标选用电磁打击手段的基础上，根据各类手段的效用与优长确定复合式电磁打击手段的组成，即明确需要对哪些电子对抗作战平台及其电磁打击行动进行协同，从而为精确实施电子进攻协同奠定基础。应通过精确的预测性评估，合理确定需要使用哪些电磁打击手段，既要确保能力匹配、优势充分，也要避免重复堆积、资源浪费。

二是精确统筹行动时序。现阶段，电子干扰仍然是电磁打击的最常用手段，其直接效果仅有可能出现在释能时段，一旦释能停止，干扰效果也将随之消失，因此凡涉及电子干扰的协同，都必须强调对行动时序实施精确掌控。针对同一类型目标的电子干扰行动，要高度重视时间同步，达成干扰压制的彻底性。以对敌野战无线通信系统实施电磁遮断为例，应对其短波通信、超短波通信、微波通信等主要通信设备实施同步压制，避免此断彼通，力求全面遮断。针对同一目标系统实施扰毁一体式电磁打击时，需在行动时间上确保电子干扰与电子摧毁的精确衔接，有效把握由电子干扰行动创造出的电子摧毁战机，或是在对重点目标实施电子摧毁后通过电子干扰实施补充打击，从而实现软硬杀伤的互补增效。

三是精确统筹行动空间。所有电磁打击行动都必须依附于一定的地理空间与电磁空间展开，因此对电子进攻方各作战单元或平台的行动空间实施精确统筹，是实现精确协同的重要步骤。首先是统筹安排作战配置。为有效实施对运动目标的多方位持续性电磁打击，应统一筹划各作战单元或平台的配置地域（空域），在地理空间上形成具有多点一体打击能力的电子进攻配系。其次是统筹安排频谱划分。电磁空间是电子对抗的主战场，电磁频谱是电子进攻方的主要施效领域。信息化战场，敌各类用频设备活跃在从极低频到极高频的广阔频谱范围中，为实现对敌电子信息系统的有效压制，电子进攻方应根据目标活动频段分布以及己方实际作战能力，采取定性与定量相结合的划分方法，既要突出对目标密集频段的重点部署，又要确保有效覆盖可能出现目标的其他频段。

三、精准评估电磁打击效果

电磁打击效果评估是对电磁打击目标作战效能的削弱、破坏程度进行的评价与估量,旨在检验预期打击效果与实际打击效果的一致性,为有效调控电磁打击行动提供决策依据。精确释能是电子对抗制胜的核心要求,但由于所获取目标信息的片面与失准、行动实施过程中的误差以及敌方采取的应变措施,达成精确释能并非一蹴而就的单向性过程,而是一个需要及时调整、不断提高精度的渐进性循环过程。电子进攻方必须精准感知电磁打击目标毁伤信息,通过科学分析及时掌握实际打击效果与预期打击效果的偏差,形成对电磁打击效果的精准判定,并将其作为调控信息注入目标选择或手段运用环节,从而构建具有反馈机制的行动流程,确保精确释能的最终实现。

(一)有效监控,精准感知目标毁伤信息

作战评估可分为预测性评估、总结性评估以及形成性评估三种类型,其中预测性评估先于整个作战进程展开,总结性评估在作战行动结束后进行,而形成性评估实施于作战进程之中,是对作战行动阶段性结果的评价与估量,可为连续不间断的指挥控制提供支撑。电磁打击效果评估贯穿于电磁打击行动全程,以形成性评估为主。这就要求电子进攻方有效监控电磁打击目标的动态,尤其是目标遭受打击后的变化,为指挥机构以及各作战单元或平台提供实时、准确的目标毁伤信息。

一是重点监控,确保信息获取的针对性。信息化战场,敌电子信息设备分布广泛、类型繁多,电子进攻方的侦察能力尚不足以对其实施全面覆盖式监控,应根据电磁打击目标清单、目标打击方案以及己方侦察能力,有重点地实施目标动态监控,以确保毁伤信息获取的针对性。首先要明确监控对象,将正在实施打击或即将实施打击的目标列为主要监控对象,并兼顾同一目标系统中与之联系紧

密的相关目标动态。其次要明确监控范围，将侦察力量用于监控对象活动的主要地域与频谱范围内，尤其要关注目标遭受电磁打击后可能实施规避或转移的地域与频段。

二是多径监控，形成信息获取的多源性。电磁打击手段中，电子摧毁属硬杀伤范畴，一旦奏效，目标将彻底失去功能且难以逆转，其毁伤效果较为明显，主要体现为目标遭打击后电磁辐射完全消失，以及外部结构发生毁灭性改变，因此结合运用电子对抗侦察与成像侦察两类侦察手段是有效获取电子摧毁毁伤信息的有效途径。电子干扰属软杀伤范畴，不具有实体摧毁能力，对目标作战效能的破坏与削弱具有暂时性，因此干扰效果难以直接感知。以对敌防空雷达系统实施压制性干扰为例，其效果通常间接显现为敌雷达辐射功率提高、辐射频率及工作模式改变、预备雷达网启用、敌防空火力命中率降低或我航空兵突防概率提高等。获取电子干扰毁伤信息，除运用电子对抗侦察手段监视目标被干扰前后辐射特征的改变，还需根据上级与友邻的战况通报，从中推断出目标毁伤情况；条件允许时还可运用特种侦察手段，对目标实施现地侦察，或采取技术手段截获敌通信内容获取毁伤信息。

三是实时监控，提高信息获取的时效性。信息化战场电磁态势多变、电子对抗作战节奏较快，对于获取的目标毁伤信息，不论当时多么准确、多么全面，一旦错过时机其效用就会急剧下降。电子进攻方只有实时监控目标动态，提高毁伤信息的时效性，才能有效发挥电磁打击效果评估作为形成性评估的作用。一方面要有效集成电子进攻方的侦察系统、打击系统与效果评估系统，建立精干高效的目标毁伤信息传输机制，尽量减少毁伤信息传递的中间环节，确保重点目标的毁伤信息可直接上报指挥员。另一方面要通过技术手段提高毁伤信息的传输速率，例如统一侦察系统、打击系统与效果评估系统的通信协议与信息格式；依托卫星通信、光纤通信等先进的通信手段及时上传目标毁伤数据。

（二）由表及里，精准判定电磁打击效果

在电磁打击效果评估过程中，通过多种手段获取大量目标毁伤信息并不等同于有效掌握了打击效果，未经综合分析处理的信息只能从表象上片面反映目标毁伤情况，无法为打击效果判定提供有效支撑，甚至会导致错误判定。电子进攻方要对所获得的目标毁伤信息进行系统深入的分析判断，从纷繁复杂的表象中有效洞察目标毁伤的真实情况，从而有效判定电磁打击效果。

一是信息整理。通过目标监控获取的毁伤信息总量较大，且相对无序、真伪并存，为提高信息处理效率，应采取行之有效的信息整理措施。首先是信息归类。电磁打击目标毁伤信息来源广泛，通过各渠道获取的信息通常以时间顺序呈报至评估机构。为使毁伤信息具有条理性以便查询及处理，可对其按打击目标归类，将针对同一目标的毁伤信息进行梳理与规整，以获得关于特定目标毁伤情况的详尽描述；或是按打击行动归类，把源自同一次电磁打击行动的毁伤信息进行梳理与规整，以获得关于特定电磁打击行动毁伤效能的详尽描述。其次是信息筛选，即根据毁伤信息的真实性与价值性对其进行合理取舍。电子进攻方获取的毁伤信息中，既有真实可靠的信息，也有由于侦测偏差得到的错误信息，还有敌方有意散布的虚假信息。即使在真实信息中，也有一部分因为与目标关联性不大或已过时而不具有较高使用价值。这就要求在毁伤信息整理过程中，对错误信息、虚假信息、无关信息、过时信息做到有效排除，实现去伪存真、去粗存精，为形成正确有效的评估结论奠定信息基础。

二是多源印证。信息化作战双方围绕电磁打击目标展开的攻防对抗空前激烈，敌方为抵御我电磁打击必将采取一系列电子防御技战术措施，导致目标动态复杂化、隐蔽化，使电子进攻方评估电磁打击效果时可能面临若干模棱两可或相对模糊的目标毁伤信息。这就要求对源于不同渠道的毁伤信息采取相互验证的处理方法，对毁伤情况进行推断并核实。首先是电子对抗侦察与成像侦察手段所获取目标毁伤信息的相互求证。例如对敌雷达实施反辐射攻击后，电子对抗侦察设备发现雷达辐射特征消失，与此同时成像侦察设备发现其发射天线毁损，两种信息相互验证就能确定对敌雷达的毁伤奏效。其次是各类侦察手段所获取毁伤信息与被支援部队行动情况的相互印证。例如对敌炮兵通信实施支援干扰后，通过电子对抗侦察设备发现敌台频繁呼叫、启用备频或是不断提高发射功率，而被支援部队行动进展顺利，伤亡率较低，两者相互印证，就能基本确定对敌通信干扰效果。

三是精细评定。电磁打击效果评定是指对电磁打击目标毁伤程度按若干等级进行衡量与确认，旨在以评估结论的形式明确实际电磁打击效果。为确保评估结论的精确性与可用性，不宜将电磁打击效果简单评定为有效或无效，而应当遵循毁伤等级划分与毁伤要求相一致，与侦察能力及评估能力相适应的原则，合理设置目标毁伤等级，实现精细评定。以对敌雷达实施电磁打击为例，可将目标毁伤程度区分为无毁伤、轻度毁伤、中度毁伤、重度毁伤、彻底毁伤五个等级。其中无毁伤是指目标雷达作战效能没有受到任何影响；轻度毁伤通常为雷达非关键模块轻微受损，暂不影响其核心功能，或是受到轻度干扰，其探测能力下降20%以下，且可通过雷达设备自身的抗干扰功能基本维持原有作战效能；中度毁伤通常为接收模块、发射模块或控制模块受损，影响雷达正常工作但可较快修复，或是受到中度干扰,探测能力下降 20%~50%,需要综合采用一定的电子防御技战术措施方可部分恢复作战效能;重度毁伤通常为雷达多个关键模块同时受损或某一关键模块严重受损,导致雷达不能使用且短时间内难以修复,或是受到重度干扰,探测能力下降 50%以上且缺乏有效的反干扰措施;彻底毁伤通常为雷达及其平台载体被击毁,完全丧失作战效能。

(三)运用结论,精准调控后续作战行动

孤立的评估结论本身对夺取制电磁权并无直接效用,只有利用评估结论对后续电磁打击行动实施有效调控,方能发挥其制胜作用。电磁打击效果评估结论是对电磁打击实际效果的认识与判断,也是电子对抗指挥员实施作战阶段转换、打击目标调整、毁伤效果控制等调控措施的关键依据。效果评估与行动调控的高度融合是确保电子进攻方精确释能,进而促进电子对抗制胜的有效模式。

一是视情追加,确保毁伤效果。电子进攻方夺取制电磁权通常需要多轮电磁打击。在一轮电磁打击过程中或结束后,部分目标可能没有达到预期毁伤效果,需要调整释能手段实施补充打击。对于电子干扰目标,应在干扰过程中采取边评估边调控的方式,根据实时反馈信息针对干扰效果未达标的目标,采取调整干扰样式、提高干扰强度、延长干扰时间、修正干扰方向及频率等措施以强化干扰效果;对于电子摧毁目标,应在一轮打击后根据毁伤评估结论,针对毁伤效果未达标的目标实施追加打击,直到有效摧毁为止。

二是适时转换,避免重复打击。美军在总结科索沃战争教训时认为,由于作战毁伤评估不力,致使把成批的昂贵弹药重复投向已攻击过的目标,造成了作战资源的极大浪费。为避免重复打击带来的电子对抗资源浪费,在电磁打击实施过程中,一旦确认对某一批

目标的预期毁伤效果已达成，应及时将其从目标清单中删除，并按预先计划转向下一阶段行动。需要注意的是，敌电子防御方在遭受电磁打击时，可能通过强行工作或留置假目标等欺骗措施造成目标作战效能尚存的假象，旨在吸引我电子进攻"火力"，延误我作战进程，为其战损修复及电子防御行动组织赢得时间。对此，电子进攻方应提高对目标毁伤信息的甄别能力，有效洞察敌欺骗手段，根据电磁打击效果的准确评估指导后续作战行动的实施，避免因重复打击延误战机。

三是关注周边，控制附带毁伤。电子干扰飞机、远程大功率干扰站、电磁脉冲武器等装备的列装，极大提升了电子进攻方的释能范围与打击强度，也增加了干扰己方电子信息系统、误击误扰民用或第三方电子信息系统等产生附带毁伤的风险。为将附带毁伤控制在最低限度，除了在作战筹划中采取设置保护频段、规定禁止打击目标等限制措施外，还需在作战过程中进行实时调控。电子进攻方在监视目标毁伤情况的同时，还需关注可能受到电磁打击行动直接或间接影响的其他设施，一旦发现附带毁伤的发生或隐患，应视情及时调控电磁打击行动，统筹处理好提升打击效果与减少附带毁伤的关系。

第五章 多域显效——电子对抗制胜的生效路径

从能量流转的角度，实现电子对抗制胜是一个由谋势到聚力到释能再到生效的过程，其中生效是指能量作用效果的产生，是能量流转的最终环节。电子进攻方谋取制胜之势、聚合体系作战能力、精确释放能量都是为了将电磁能量更加有效地作用于敌，通过生成电子对抗行动的实施效果，最终实现制胜。多域显效是指电子对抗作用并显效于包括物理域、信息域和认知域在内的多个作战领域，可对敌造成毁伤、欺骗与威慑效应。这些效应的生成是电子对抗制胜其余环节的目的所在，是将胜势转化为胜利、将能力与能量转化为胜果的关键路径，缺少这一环节电子进攻方就无法对敌施加任何影响，制胜也就无从谈起。本章将对多域显效机理进行研究：一是明确电子进攻方的作战行动能够对敌产生哪些有助于制胜的效应；二是分析这些效应促进制胜的内在依据；三是阐述效应实现的途径。

第一节 基本内涵

电子干扰的出现标志着电子对抗正式登上战争舞台。直到20世纪末，电子干扰还被认为是核心电子对抗手段，由电子干扰对敌用频设备产生的干扰压制效果也一直被视为电子对抗实施效果的主要体现。信息时代，电子对抗力量兼具电子干扰与电子摧毁手段，并初步形成了战略战役级作战能力，作战任务也逐渐由支援其他军兵种作战向直接剥夺敌作战能力拓展。基于上述发展变化，通过电子对抗行动产生的作战效果已不仅限于信号层面的干扰压制。对敌关键信息节点实施软硬一体式电磁打击，能够高效毁瘫敌信息链路或网络，在物理域对敌实施毁伤；通过技术手段与谋略运用的结合，可对敌实施不同层次、多种形式的电子欺骗，在信息域迷惑、误导敌方；依托电子对抗"撒手锏"武器，电子进攻方的威慑能力剧增，通过合理运用可在认知域制约敌方。综上所述，宜将电子对抗的生效路径剖析为物理域的电磁毁伤效应、信息域的电子欺骗效应、认知域的电磁威慑效应。

一、断链破网——电磁毁伤效应生成

信息化军队与机械化军队在作战能力方面的主要差距，并非兵力规模或火力强度的差距，而是信息力的差距。信息力的生成与释放主要以军事信息系统的信息保障功能为物质基础。作为军事信息系统的重要组成部分，预警探测、通信、导航制导等电子信息系统是实施信息获取、信息传输、武器平台控制等军事信息活动的主要依托，其正常运转是信息化军队有效遂行各类作战任务的基本前提。上述电子信息系统大多以链路或网络的形式存在并运行，一旦被遮断或破击，与其所属节点相连的作战单位或武器装备将陷入感知迷茫、通联受阻、操纵失控的困难境地，全维监视、并行联动、精确打击等信息化作战行动均难以实施。电子进攻方综合运用软杀伤与硬摧毁手段，在信号层面与实体层面遮断敌关键信息链路、破击敌重要信息网络，可部分或彻底瘫痪敌信息保障功能，使敌信息力下降进而导致战斗力衰减，即以断链破网在物理域生成电磁毁伤效应。电磁毁伤并非对敌电子信息系统的全面摧毁,而是通过电磁能、定向能等技术手段在物理域瘫痪其关键功能,具有较高的毁伤效益,是夺取制电磁权的核心手段,也是以电子对抗促进联合作战制胜的主要路径。

(一) 对毁伤的基本认识

战争形态的演进没有改变战争的暴力对抗本质,尽管现代战争不排斥非暴力手段,但只有通过必要的暴力手段才有可能达成"消灭敌人,保存自己"的战争目的。各类毁伤行动是暴力手段在战争中的具体体现,由此生成的毁伤效果是暴力手段奏效的直接反映,而围绕毁伤效果展开的作战行动则是克敌制胜的核心途径。

毁伤在构词方式上属合成词范畴,由两个含义相近的词根组成。有观点认为"毁"与"伤"分别指代对物的损坏与对人的杀伤;还有观点认为"毁"与"伤"在破坏程度上有所区别,前者可理解为摧毁,即彻底破坏,后者可理解为致伤,即部分破坏。在军事领域,毁伤通常作为一个较为笼统的概念使用,囊括了破坏、歼灭、扰乱、失能等多重含义,既可理解为一种行动,也可用于表述一种效果。以火力毁伤为例,从使用火力打击敌方的角度,火力毁伤无疑是作战行动;从分析评估火力打击造成敌方损失的角度,火力毁伤又是打击效果。根据上述分析,宜将毁伤理解如下:以一定形式的能量对目标造成杀伤破坏的行动或是取得的杀伤破坏效果。毁伤的一般机理是将具有较高强度的某种能量强制作用于实体目标的一定部位,使目标因防护能力不足以抵御能量强度而导致外在性物理结构破损,或是因能量强度超过目标内部重要功能模块、器官的处理阈值而导致内在性功能瘫痪。毁伤通过对目标的破坏或瘫痪,致使其在一定程度上丧失原有功能甚至被完全摧毁,是在物质层面对"消灭敌人"的最佳诠释，也是最直接的制胜手段。

毁伤这一概念外延宽泛，为深入研究，需以梳理其分类为前提。一是按作用对象可将毁伤分为通向毁伤与专向毁伤[①]。通向毁伤是指适用于多种设施、装备及有生力量的毁伤。燃烧弹就是一种具有通向毁伤作用的武器，其在目标区域抛射出的高温火种对建筑、车辆、人员等多种类型的目标均有杀伤破坏作用。专向毁伤是指适用于特定类型目标的毁伤。例如专门作用于电子设备的电磁脉冲武器，通过产生高能电磁脉冲，使电子设备中的关键元器件因过载而毁损，对其他类型目标则基本无毁伤作用。二是按作用方式可将毁伤分为硬摧毁与软杀伤。硬摧毁主要以弹药撞击、爆炸等方式产生的动能与热能对目标实施毁伤，如地空导弹战斗部在空中目标附近引爆，以高温高速侵彻体撞击目标而产生的毁伤。软杀伤主要通过使用一定技术手段产生光学、电磁、声学等效应，使目标暂时或永久丧失战斗能力，如次声波对人体的伤害。三是按作用效果可将毁伤分为实体毁伤与功能毁伤。实体毁伤是指对目标的外在实体层面产生的毁伤，例如反坦克导弹击中坦克后对其车体结构完整性的破坏。功能毁伤是指对目标内在功能层面产生的毁伤，如战术激光武器对人视力的伤害。

（二）电磁毁伤的内涵

毁伤的本质是将一定形式的能量强制作用于目标，对其产生破坏杀伤，因此毁伤的内涵总是与毁伤对象以及用于毁伤的能量形式密切相关。自马可尼成功实现无线电通信后，以电磁波为信息载体的电子信息设备逐渐成为军事信息活动的主要工具；以电磁波为施

---

① 李骥：《火力作战新论》，北京，金盾出版社，2013年，第105页。

效手段的通信干扰，紧随无线电通信的军事运用登上战争舞台。日俄战争中，俄军报务员使用火花式发报机产生较强能量的电磁波，成功压制了日舰炮火引导通信，致使日军通信暂时瘫痪，这成为电磁毁伤的雏形。作为信息化作战体系正常运行的重要依托，通信、预警探测、导航定位、制导遥控等电子信息系统已成为信息化作战中毁伤行动的主要对象，而电磁能、定向能则成为对电子信息系统有效实施毁伤的主要能量形式。根据毁伤的目标以及用于毁伤的能量，可将电磁毁伤理解为**以电磁能、定向能为主的能量形式对敌电子信息系统造成杀伤破坏的行动，或是通过此类行动造成的杀伤破坏效果**。其具体内涵如下。

首先是电磁毁伤的主体、客体及基本手段。广义上看，具有电磁打击能力的作战力量均可视为电磁毁伤的主体，主要包括专业电子对抗力量以及具有自卫电子对抗能力的其他作战力量。为契合第一章对电子对抗制胜主体的说明，宜将电磁毁伤的主体限定为由专业电子对抗力量组成的电子进攻方。电磁毁伤的客体就是电磁打击的对象，主要是以电磁波为信息载体的电子信息系统，如雷达、通信系统、导航定位系统、武器制导系统等。电磁毁伤的基本手段[①]即压制性干扰与电子摧毁，前者以发射、转发、反射的方式产生强干扰信号，使敌电子信息系统的接收设备无法在干扰背景中有效识别并提取有用信号，或是由于干扰信号强度超过接收设备处理阈值使其达到饱和状态，以致于暂时失去信号接收功能。后者主要以电磁脉冲攻击、定向能攻击、反辐射攻击等方式对敌电子信息系统造成难以逆转的破坏，使其功能彻底瘫痪。

对于电磁毁伤手段的界定，还需明确两点：一是定向能攻击的

---

① 欺骗性干扰主要通过制造假象以迷惑或误导电子信息系统的使用者，对系统自身功能没有直接影响，因此将其排除在电磁毁伤手段范畴之外。

对象不仅限于电子信息系统。以激光攻击为例，当激光束的功率与定向增益系数达到一定阈值时，即可在目标表面产生具有毁灭性的热效应与力效应，不论对人体还是作战平台外部结构均可实施有效杀伤或摧毁。此时激光攻击已成为施效于多种目标的通向毁伤手段，可遂行歼灭敌有生力量、拦截空袭兵器等多类作战任务，与围绕制电磁权展开的电磁领域斗争已无必然关联。为避免将电磁毁伤的外延无限扩大化，运用定向能武器毁伤电子信息系统以外的目标不宜列入电磁毁伤范畴，列入火力毁伤范畴更为适宜。二是反辐射攻击是针对电磁辐射源的专向毁伤手段。以反辐射导弹为例，其毁伤方式与其他常规导弹并无本质差异，均以弹体及战斗部爆炸产生的热能与动能对目标实施毁伤，特殊之处在于反辐射导弹以目标辐射源的电磁信号为导引，以敌发射天线为直接攻击对象，且只能对具有信号发射功能的电子信息系统实施毁伤，不适用于其他类型目标。因此，尽管反辐射攻击不以电磁能或定向能对目标实施毁伤，但其运用的能量形式以电磁信号为引导，作用机理与电磁波传播紧密相关，且作用对象从属于电磁毁伤客体，应作为电磁毁伤与火力毁伤的交集列入电磁毁伤范畴。

其次是电磁毁伤的主要特性。一是毁伤目的直接服务于夺取制电磁权。电磁毁伤的核心作用既非杀伤敌有生力量，也非毁坏敌作战平台，而是瘫痪敌电子信息系统的功能。夺取制电磁权需要以敌我双方对电磁频谱领域控制权的此消彼长为前提，而达成电磁毁伤目的就意味着有效削弱或破坏了敌方利用电磁频谱资源开展军事信息活动的能力，对夺取制电磁权起到决定性支撑作用。二是毁伤对象的特殊性与广泛性并存。一方面，电磁毁伤几乎只能对电子信息系统产生毁伤效果，对其他类型目标无显著毁伤效果；而其他类型毁伤手段对于电子信息系统的毁伤效费比也不同程度地逊于电磁毁伤，这体现了电磁毁伤对电子信息系统的"专杀性"。另一方面，电磁波是信息化战场军事信息的重要载体，而电子信息系统是军事信息活动的主要依托，电子信息系统伴随军队作战行动，广泛运用于陆海空天战场，几乎遍布整个作战空间，可以说只要有作战行动存在就有对电子信息系统的运用，只要是电磁波能够到达之处，电磁毁伤就有用武之地，这体现了电磁毁伤的广泛性。三是毁伤手段具有软硬一体性。就电磁毁伤本身而言，压制性干扰与电子摧毁分别代表了其中的软杀伤与硬摧毁手段。前者运用灵活、使用成本较低、覆盖范围较广，但毁伤程度与毁伤效果持续时间相对有限；后者能够对敌电子信息系统造成难以恢复的破坏，但对实施条件要求较为严格，使用成本较高。只有通过合理筹划与有效协调方能实现电子干扰与电子摧毁的软硬一体，更好地实现电磁毁伤目的。软硬一体更高层面的含义是电磁毁伤与火力毁伤的有机结合。电磁毁伤与炮战、导弹战、空袭等典型的火力毁伤相比，手段上总体趋于"软"，独立实施的作战效能较为有限。在联合作战行动中，电磁毁伤必须与直接对敌方人员、设施、装备实施杀伤破坏的火力毁伤紧密配合、相互赋能，形成联合作战层面的软硬一体，以此促进联合作战制胜。四是毁伤行动具有远程精确性。一方面，利用电磁波优越的传播特性，电子进攻方可在较远距离对敌实施电磁打击。如天波干扰的距离可达数百甚至上千千米，而反辐射导弹也使电子进攻方具有了防区外打击目标辐射源的远程作战能力。另一方面，电磁毁伤效果高度依赖于毁伤行动的精度。电子进攻方精确选取毁伤对象、精确匹配毁伤手段与目标属性、精确协同各类毁伤行动，是以高效费比确保电磁毁伤奏效的必要条件。

（三）电磁毁伤效应的生成条件

一是用于电磁毁伤的能量可有效接触并进入电磁毁伤客体。作为电磁毁伤的主要能量形式,电磁能、定向能以及由反辐射武器承载的动能和热能,与电磁毁伤客体发生接触并有效进入其中,是生成电磁毁伤效应的基本前提。以压制性雷达干扰为例,用于干扰的电磁信号首先需通过一定的传播路径到达目标雷达的接收天线并被天线接收,即实现有效的能量接触,如果干扰信号偏离了目标天线的方位,无论其具有怎样的强度与样式都不可能生成电磁毁伤效应。干扰信号与目标雷达接触后,还需在频率、信号样式、极化方式等方面与有用信号达到一定精度的匹配,即有效进入目标,方可转入信号处理流程而不被滤除。

二是能量强度超过电磁毁伤客体能够正常处理或防护的阈值。正如炮弹命中装甲车辆后并非一定能够将其摧毁,只有具备足以克服其装甲防护力的毁伤能量方能实现有效毁伤,用于电磁毁伤的能量接触并进入电磁毁伤客体后,并不意味着生成电磁毁伤效应的必然性,只有能量强度超过目标电子信息设备能正常处理的信号强度上限,或是对毁伤能量抵御能力的阈值,才有可能生成毁伤效果。以电磁脉冲攻击为例,当高功率电磁脉冲到达目标时,将在目标外层产生耦合过程,部分电磁能量将经过耦合通道进入目标内部,即对电磁毁伤客体的接触与进入。满足这一条件后,能否生成毁伤效应、能够达到怎样的毁伤程度,主要取决于电磁脉冲在目标单位面积上产生的能量强度,即能量密度。当能量密度达到 $1\mu W/cm^2$ 时,通信、雷达、导航等电子信息系统中的接收设备稳定性变差,将产生类似于拦阻式干扰的信号压制效果;当能量密度达到 $0.01W/cm^2$ 时,电子设备中的部分元器件将产生非受控性状态反转、锁定等异常现象,导致数据传输中断、存储的信息被抹去等现象;当能量密度超过 $10W/cm^2$ 时,大多数元器件由于达到"击穿"阈值而烧毁,将对设备造成难以逆转的物理性破坏效果。

三是能量施效部位对电磁毁伤客体的正常运转起到关键性作用。电磁毁伤通常仅作用于目标电子信息系统的局部而非整体，考虑到电子信息系统的整体性与代偿能力，只有将具体释能对象定位于对上一层目标系统正常运转起到关键性作用的若干子目标，才有可能在更高层面生成毁伤效果。在设备层面，由于信号发射模块与接收模块的正常运转是电子信息设备发挥效能的基本前提，因此对信号发射模块或接收模块实施电磁毁伤更容易瘫痪该电子信息设备。例如只要运用反辐射武器摧毁雷达发射天线，就能从根本上破坏雷达的工作效能。在系统层面，各设备之间的信息交互是形成整体能力的关键，对具有信息中继或交换功能的节点实施毁伤更有助于破击整个系统，例如对通信卫星实施电子攻击，可有效瘫痪整个卫星通信系统的正常运转。

二、示假隐真——电子欺骗效应生成

信息化战场，以电磁波为信息载体的电子信息设备是作战人员及智能武器获取、接收战场信息的主要依托，在海战场、空战场、太空战场等战场空间甚至是唯一依托。电子进攻方利用敌方对电子信息设备的高度依赖，有意向敌电子信息设备传递精心设计的虚假信息，诱使敌作战人员或智能武器按我方意图产生与战场客观实际不相符的感知或是感知障碍，可导致其判断失误、决策失准、行动失效，以此生成电子欺骗效应。电子信息技术的飞速发展极大提升了军队的侦察与通信能力，使直接针对人体感官的传统欺骗手段逐渐失去用武之地，而电子欺骗着眼敌电子信息设备进行示假隐真，诠释了现代战争中电磁斗争的"诡道"，是在信息域误导或迷惑敌方的有效手段，有助于事半功倍地夺取战场主动权以促进制胜。

(一) 对欺骗的基本认识

兵不厌诈，古今皆然。军事欺骗在人们尚且没有对其进行理论归纳时，就已经客观存在，并在战争中发挥重要作用了。黄帝、蚩尤之战中黄帝就采取了诱敌深入、欲擒故纵的方略；荷马史诗记载的特洛伊木马计则为西方世界军事欺骗早期运用的典范。在理论层面，孙武提出了"兵者，诡道也"的经典论断，并列举了"能而示之不能，用而示之不用"等十二条欺骗法则，率先将以军事欺骗克敌制胜上升为战争指导规律的层次，至今仍对战争实践具有重要指导作用。

欺骗是由"欺"与"骗"两个同义词组成的合成词，可解释为用虚假的言语或行动来掩盖事实真相，使人上当。军事欺骗是欺骗的种概念，是欺骗在军事斗争领域的具体体现。目前尚无关于军事欺骗的统一定义，根据属加种差的定义方法宜将其理解如下：在军事斗争中采取一定的技战术手段迷惑敌方，使其产生错误判断的军事行动。军事欺骗通过对"于己有利，于敌不利"效果的追求，有助于以较小代价夺取较大胜利，其基本机理可解析如下：军事欺骗主体以一定方式，有意向欺骗客体传递与其所要掩饰的实际情况不相符的虚假信息，导致欺骗客体或是由于采纳虚假信息而产生错误感知，或是由于无法辨别信息真伪而导致感知障碍，进而产生判断乃至行动上的错误或低效。欺骗效果的产生对军事欺骗的服务对象[①]较为有利，通常可有效降低其作战损失或是助其达成行动的突然性；对欺骗客体则较为不利，通常会使其判断失准、决策失误、行动效能低下。

[①] 军事欺骗的服务对象未必等同于军事欺骗主体，详见下文关于电子欺骗主要特性的论述。

容易与军事欺骗混淆的两个概念是军事伪装与军事谋略。两者尽管有相似之处，但在作用对象、基本手段、预期效果等方面仍存在本质区别。军事欺骗的作用对象是具有感知能力的敌方作战人员或智能武器，即对敌；而军事伪装的作用对象是己方作战力量或需要防卫、掩护的重要目标，即对己。军事欺骗的基本手段是设计虚假信息并使敌方接收，相对主动；而军事伪装的基本手段是减少、消除或改变伪装对象的暴露征候，相对被动。军事欺骗的预期效果是使敌按欺骗主体意图，采纳与实际情况不同甚至截然相反的虚假信息；而军事伪装的预期效果是使敌无法有效发现或辨识伪装对象的存在与行动企图。例如，坦克投射红外诱饵诱偏来袭红外寻的导弹，属欺骗行动；而喷涂迷彩图案的坦克隐蔽于丛林之中躲避光学侦察，则属伪装行动。军事欺骗与军事谋略也并非所谓"西方世界与东方世界对于同一事物的不同称呼"，两者区别如下：军事欺骗是利用一定技战术手段迷惑敌人的具体方式或行动；而军事谋略是一种强调以巧制胜，用较小代价换取较大战果的方法论，较之军事欺骗更加宏观。军事欺骗的实施主体囊括了从统帅到装备操作员的各级作战人员；而军事谋略的运用主体主要定位为指挥员。军事欺骗的作用对象是敌方；而军事谋略既可对敌，又可对己，还可用于第三方。军事欺骗的生效途径主要在于示假隐真，即诡道；而军事谋略的生效途径不仅限于诡道，还包括攻心、伐交、速胜等多个方面。例如，"三十六计"中的围魏救赵是军事谋略运用的典范，但其中并不涉及军事欺骗。

军事欺骗涉及范围较广，存在于军事斗争的几乎所有领域，其具体内涵也随着战争形态的演变而不断丰富。深入研究某一具体类型军事欺骗，需以梳理军事欺骗的分类为基础。按行动层次可将军事欺骗区分为战略级欺骗、战役级欺骗、战术级欺骗与平台级欺骗。战略级欺骗是指直接服务于战争目的,影响战争进程与结局的军事欺骗。苏德战争前,希特勒为达成入侵的突然性,与苏联签订一系列和平条约以麻痹对手,是典型的战略级欺骗。战役级欺骗是在战役指挥员的统一指挥下,为顺利达成战役目的而实施的军事欺骗。诺曼底登陆前,盟军有计划地实施了多种手段的佯动,使德军将防御重点转向加莱地区,这一战役级欺骗的成功实施为诺曼底战役的胜利奠定了坚实基础。战术级欺骗是指战术兵团、部队、分队为达成战斗目的而实施的军事欺骗。贝卡谷地空战中,以色列电子战部队冒充埃及飞行指挥塔台,对埃军作战飞机下达假指令,将其诱骗至以军空中伏击区域,使其蒙受重大损失,这一战例成为现代战争中战术欺骗的典范。平台级欺骗是指单个作战平台在战斗行动中为规避威胁、有效制敌,而对敌相应作战平台直接实施的欺骗。越南战争中,美军作战飞机运用红外诱饵曳光弹诱偏越军"萨姆"-7地空导弹,属平台级欺骗行动。按预期效果可将军事欺骗区分为迷惑型欺骗与误导型欺骗。前者通过释放一系列虚假信息,并将真实信息与之相互混杂,使敌真假难辨从而举棋不定或是处处分兵。例如在重点防护目标周围设置多个假目标,使来袭之敌无法有效辨识真假。后者通过伪造高度逼真的虚假信息,使敌按欺骗主体意图采纳信息内容,进而产生错误判断。例如运用部分用频设备模拟较大规模部队行动的电磁辐射特征,使敌信以为真。按欺骗手段的虚实性可将军事欺骗分为实体欺骗与虚拟欺骗。前者以有形的、物质的手段实施一定的实体行动,并使敌有意察觉,从而传递这一行动蕴含的虚假信息。例如以主动后撤的方式使敌确信我已退却,诱使其实施追击。后者则无需以一定的实体行动为中介,而是直接通过一定的信息渠道向敌释放与实际情况不相符的假消息。例如通过新闻媒体散布有关敌统帅已阵亡或投降的谣言。按欺骗手段的技术性可将军事欺骗分为高技术欺骗与传统欺骗。前者相比后者运用了更前沿、更尖端的军用技术。以佯动为例,电子佯动属高技术欺骗范畴,炮火佯动则属传统欺骗范畴。

(二) 电子欺骗的内涵

军事欺骗的实质就是向敌传递虚假信息致使其产生错误感知,因此军事欺骗始终与军队获取信息的手段密切相关。人们获取信息的最直接方式是通过眼睛、耳朵等感官进行感知,因此最基本的军事欺骗就是针对视觉与听觉而实施的。信息化战场,各类用于侦察、通信的电子信息设备成为人类感官的延伸,极大提升了人们获取信息的范围与精度,但事物总有两面性,电子信息设备在拓展军队信息获取能力进而提升战斗力的同时,也成为军事欺骗的重点突破口。诺曼底战役前,德军架设在法国海岸的雷达对盟军登陆行动构成较大威胁,但几乎也是德军进行远程预警的唯一手段。盟军以德军对雷达侦察的高度依赖为契机,在佯攻方向上运用箔条、角反射器、应答式干扰机等器材设备在德军雷达显示器上模拟出一支并不存在的"幽灵舰队",使德军统帅部直至诺曼底滩头被占领时还坚信盟军的主攻方向是加莱地区。这一战例体现了现代战争中军事欺骗的发展趋势,即着眼敌电子信息设备实施欺骗。军队以什么样的方式获取信息,就以什么样的方式实施欺骗。当电磁波成为主要信息载体、电子信息设备成为主要信息工具时,专门针对电子信息设备的军事欺骗——电子欺骗,应运而生。电子欺骗定义为使敌方电子设备接收虚假信息,以致敌产生错误判断和采取错误行动的电子干扰。其基本内涵如下。

首先是电子欺骗的基本属性。在层次上,独立实施的电子欺骗多用于战术级欺骗与平台级欺骗,在战役级或战略级欺骗中电子欺骗通常作为一种主要欺骗手段与其他欺骗手段结合使用。在效果上，电子欺骗既能用于迷惑敌方也能用于误导敌方。前者如模拟多个假目标以掩护真实目标，使敌无法有效辨识；后者如实施电子佯动，使敌确信以掩饰我真实意图。在手段的虚实性上，电子欺骗以实体欺骗为主，以虚拟欺骗为辅。电子欺骗中的电子示形、电子佯动与电子诱骗通过向敌侦察探测设备释放反映"假象"的电磁波，使其使用者感知不真实的战场情况进而产生感知偏差，其效果具有间接性，属实体欺骗范畴，例如，运用欺骗式雷达干扰设备在敌雷达显示器上制造出大批空袭兵器来袭的图像。而电子冒充则通过敌通信网路向敌方发送"假象"本身，如假情报、假指令，直接影响欺骗客体，属虚拟欺骗范畴，例如冒充敌台插入敌通信网路，向敌指挥员报告大批空袭兵器来袭的假情报。在手段的技术性上，电子欺骗无疑属于高技术欺骗范畴。

其次是对电子欺骗主体、客体及手段的界定。电子欺骗的定义明确了其属于电子干扰范畴，而能够实施电子干扰的作战力量包括专业电子对抗力量以及具有自卫干扰能力的其他武器平台，因此上述两类作战力量均可作为电子欺骗的主体。考虑到上文对电子对抗制胜主体的界定，宜将电子欺骗主体定位为主要由专业电子对抗力量组成的电子进攻方。电子欺骗客体即电子欺骗的施效对象，是依托电子信息设备感知战场信息进而做出决策与行动的作战人员或智能武器。有观点认为电子欺骗客体是敌方电子信息设备，即电子欺骗是对敌电子信息设备实施的欺骗，实则不然。电子欺骗是军事欺骗的种概念，而军事欺骗的对象必然是能够独立进行感知、分析、判断、决策的智能个体，而雷达、电台、GPS接收机等电子信息设备只能从电磁波中解调出基带信号，并按事先预设的程序将其转化为智能个体能够读取的形式，其本身不具备感知能力。因此，"以致敌产生错误判断和采取错误行动"中的"敌"并非敌方电子信息设备，而是利用电子信息设备获取信息的智能个体。换言之，电子欺骗，骗的不是电子信息设备本身而是电子信息设备的使用者。电子欺骗客体主要包括敌电子信息设备操作员、指挥员等相关作战人员，以及依托电子信息设备实施自主作业的智能弹药、军用机器人等智能武器。军事欺骗的一般手段是运用一定设备、器材有意生成与战场实际或我方意图不符的虚假信息，并以一定方式使敌感知此类信息。电子欺骗的手段具备军事欺骗手段的一般属性，在此基础上，界定电子欺骗手段的关键在于对其特殊性的发掘。实施工具方面，电子欺骗使用的是能够发射、转发或反射电磁波的设备或器材；实施方式方面，主要是使敌接收含有虚假信息的电磁波，或是使敌侦察探测到反映某种假象的电磁活动。基于上述分析，可将电子欺骗的手段归纳为两类：一是运用可以发射、转发或反射电磁波的设备或器材，将与战场实际不符的信息调制入电磁波之中，并有意传送至敌电子信息设备接收范围内；二是在敌电子信息设备侦察探测范围内，组织一定的电磁活动以模拟我作战力量并不真实的存在或行动，并有意暴露于敌。

再次是电子欺骗的主要特性。一是欺骗目的服务联合作战。电子欺骗的主体是由专业电子对抗力量组成的电子进攻方，但电子欺骗的主要服务对象并非电子进攻方自身，而是由电子对抗行动支援或保障的其他作战力量。有时甚至需要以增大电子进攻方的行动风险为代价，确保电子欺骗的成功，进而保障或支援联合作战行动。因此，电子欺骗的实施主体与服务对象通常相互分离，电子欺骗的目的从属并服务于联合作战整体目的。二是欺骗手段注重技谋合一。为达成欺骗效果，电子欺骗手段注重欺骗技术与欺骗谋略的有机结合。一方面，与敌电子信息设备技战术性能相匹配的电子欺骗设备或器材，能够为欺骗谋略在电磁斗争领域的有效运用奠定物质基础。例如具有诱骗敌方精确制导武器功能的各类电子诱饵，能够为"李代桃僵""金蝉脱壳"等传统计谋在信息化战场的有效实施提供技术支撑。另一方面，因地制宜、构思精妙的欺骗谋略能够充分发挥电子欺骗设备或器材的作战效能。例如以"示形"为指导，运用各类设备器材巧妙模拟我作战力量的电磁活动，以达成佯动效果。三是用于欺骗的信息承载于电磁波。电子欺骗与其他类型军事欺骗的最本质区别在于其虚假信息以电磁波为载体向敌方传送。电子欺骗的施效对象是电子信息设备的使用者，只有将虚假信息调制入电磁波之中，或是以一定的电磁活动反映假象，才有可能使敌电子信息设备接收虚假信息，进而对其使用者产生迷惑、误导作用。四是欺骗活动的组织实施具有系统性。信息化战场，敌方多维一体、高度集成的电子信息系统具有较强的信息感知与甄别能力，模式单一、缺乏协作的电子欺骗将难以获得较好的整体欺骗效果。电子进攻方应着眼体系对抗，通过统一计划与有效协调将各类电子欺骗力量集成为一个功能多元、结构合理的作战系统，使其能够从多种渠道、以多种方式向敌传递同一虚假信息，并在欺骗行动中密切协作、相互印证，以此提高虚假信息的可信度，强化欺骗效果。电子欺骗还需与兵力欺骗、火力欺骗、舆论造势等其他相关手段有效配合，通过系统有序的组织实施将其融入更高层次的欺骗行动中，促成战役、战略级欺骗的奏效。

(三) 电子欺骗效应的生成条件

电子欺骗效应主要有两类：一是欺骗客体在感知战场情况的过程中受到虚假信息的干扰，难以分辨真假；二是欺骗客体直接将虚假信息误认为真实信息，产生与实际情况不相符的感知。上述两种效应都是欺骗客体先接触来自外部的虚假信息，再由虚假信息影响其内部感知过程的结果。据此，宜将电子欺骗效应的生成条件归纳为外部条件与内部条件。

生成电子欺骗效应的外部条件是指存在于欺骗客体感知过程之外，促成电子欺骗效应生成的条件，主要包括以下三方面。一是精心设计的欺骗内容。欺骗内容之于电子欺骗犹如弹药之于火力突击，没有欺骗内容，电子欺骗将无法实施，更无法生效。精心设计的欺骗内容是电子欺骗奏效的首要条件，电子欺骗行动的其他步骤均以其为核心展开。只有设计出符合欺骗目的、契合敌方心理、顺应一般规律、基于我方能力的电子欺骗内容，才有可能使欺骗客体接收虚假信息后，按照我方意图产生感知偏差。二是电磁信号对虚假信息的承载或反映。电子欺骗内容中的虚假信息必须以电磁波为传播载体，或是通过电磁活动来反映。这既是电子欺骗区别于其他类型军事欺骗的本质属性，也是生成电子欺骗效应的必要环节。作为电子欺骗的施效对象，敌电子信息设备使用者依托雷达、电台及各类传感器接收电磁信号以获取信息。因此，只有将欺骗内容转换为电子信息设备能够探测并识别的电磁信号，才有可能令其使用者接收虚假信息，进而发挥欺骗内容的迷惑或误导效应。三是用于欺骗的电磁信号向敌电子信息设备的有效传递。电子欺骗属于电子干扰范畴，而只要是电子干扰就必须通过电磁能对敌电子信息设备的接触与进入以生成作用效果，电子欺骗同样需要以该环节作为施效的必要条件。从电子欺骗整体过程来看，电子欺骗效果直接取决于欺骗客体对欺骗主体所发送虚假信息的接收程度，因此必须将含有或反映虚假信息的电磁信号以一定方式传送至敌电子信息设备有效接收范围，或是有意暴露在敌电子信息设备有效侦察范围内，使敌能够感知欺骗信号，进而从中解调或分析出虚假信息，为电子欺骗生效奠定基础。

　　生成电子欺骗效应的内部条件是指欺骗客体感知虚假信息后，在其感知过程之内促成电子欺骗效应生成的条件，主要是欺骗客体对于虚假信息一定程度的认同。电子欺骗效应的生成是一个由外及内的过程。欺骗内容的设计、虚假信息的转化与传递作为外部条件仅仅起到诱因的作用，在外部条件具备的基础上能否达成欺骗目的，主要取决于欺骗客体对虚假信息的接纳程度。如果欺骗客体完全识破并排除虚假信息，则欺骗失效；如果欺骗客体对虚假信息将信将疑，或是明知可能有假却难以从真伪并存的信息中去伪存真，则有可能对其产生迷惑的效果；如果欺骗客体完全接纳虚假信息，则有可能对其产生诱导的效果。只有出现后两种情况，才标志着电子欺骗具备了生效的内部条件。

三、示强显威——电磁威慑效应生成

　　信息时代，信息成为战争的主导性因素，而电磁空间是战场信息活动的首要依托，各类电子信息系统是实施信息活动的主要工具。信息化军队无不高度重视电磁频谱资源运用能力，也同样惧怕失去电子信息系统对作战行动的支撑作用。电子进攻方通过显示电磁打击能力，及对敌重要电子信息系统实施电磁打击的决心，可使敌对遭受我电子进攻后丧失制电磁权有所忌惮甚至恐惧，从而形成放弃对抗或是降低对抗强度才能避免更大损失的认知，即以示强显威生成电磁威慑效应，达成电磁斗争领域的"不战而屈人之兵"。战争形态的转变不断赋予威慑新的内涵，但慑敌所重、慑敌所惧始终是威慑能够奏效的关键。电磁威慑着眼强敌高度依赖的电磁频谱资源使用能力，有效把握了强敌"所重"与"所惧"，是信息时代一种行之有效的军事威慑。

（一）对威慑的基本认识

以威慑敌，自古就是兵家理想制胜之道。从孙武在《孙子兵法》中提出的"威加于敌"，到马基雅维利在《战争艺术》中论述的"武力显示"策略，再到第二次世界大战以后超级大国频繁使用的"核讹诈"，都强调以军事威慑达到遏制敌方的目的。

威慑是由"威"与"慑"两个含义相近的词根组成的合成词，其中"威"指凭借武力震慑，强调手段；"慑"指使害怕、使屈服，体现目的，组合在一起意为用武力或声势使对方畏惧而不敢随意行动。军事威慑是威慑的种概念，其定义为通过显示军事实力和使用武力的决心，以期迫使对方屈从的行动。军事威慑的作用机理可解析为威慑方以一定军事实力为依托，通过显示这种实力的存在及使用决心，令被威慑方确信贸然采取对抗行动或是升级对抗强度，将遭受得不偿失的后果，并产生"只有停止对抗或是降低对抗强度才能避免更大损失"的认知，从而使威慑方以"不战"或"小战"有效阻止被威慑方潜在的进攻或抗击行动。

军事威慑是以真实存在的军事实力以及坚定的使用决心为依托，强调对敌人产生心理上的遏制作用，它既区别于以假乱真的欺骗，也不同于暴力对抗后的制服，而是在遏制对手的同时实施理性的自我克制，从敌我两方面有效控制对抗行动的发生与强度，最大限度减少损失、保护自身利益。正确理解军事威慑的含义还需将其与以下概念做辨析。一是军事威慑与军事欺骗。尽管军事欺骗中也包括以威吓慑止敌方，但两者存在本质区别。军事威慑所依托的是实际存在的军事实力与使用决心，向敌方传递的是有关我方军事优势与作战决心的部分真实信息，属"阳谋"范畴。军事欺骗强调"示假"，在实施威吓时通常采取无而示之于有、弱而示之于强的诡诈手段使敌对我实力产生过高估计，从而不敢轻举妄动，属"阴谋"范畴。平津战役中我军对北平形成大兵压境的高压态势，向守军传递了顽抗必亡的威慑信息，促成了北平的和平解放，是运用军事威慑制胜的典范。而诸葛亮以空城计吓退司马懿，则属于军事欺骗，两者一实一虚，区别不言自明。二是军事威慑与军事威胁。军事威胁定义为使用军事手段进行的威逼和胁迫。因此，军事威胁与军事威慑在实现途径上类似，但所要达到的结果存在一定区别。在军事威慑中，威慑方期望在不实际使用武力的前提下迫使被威慑方放弃实施其想做而未做之事，强调对被威慑方预期行动的制止。在军事威胁中，威胁方则期望迫使对手作出符合己方意图但违背对手初衷的行动，强调对被威胁方的强制性控制。美国在处理古巴导弹危机时通过显示强大的海空打击力量以及入侵古巴的决心，迫使赫鲁晓夫放弃在古巴部署导弹基地的计划，维持了苏联在加勒比海地区无军事部署的现状，是典型的军事威慑。《马关条约》签订过程中，日本以澎湖为据点，对台湾形成入侵之势，以此逼迫清政府答应其提出的苛刻条件，采用的是军事威胁手段。三是军事威慑与军事震慑。震慑是指震动使害怕。在军事领域，威慑与震慑都以慑止敌方为目的，但实现途径存在一定区别。前者注重示强显威，即通过向敌方显示军事实力并传递我方敢打必胜的坚定信念，达成慑止敌人、不战而胜的理想境界。后者则强调精打重击，即通过对精选出的目标实施高强度打击，实现杀一儆百、敲山震虎的震撼效果。冷战时期，美苏两个超级大国频频对无核国家采取"核讹诈"，但始终停留在实力展示或警告阶段，并未付诸于行动，属威慑。而迄今为止核武器在实战中的唯一运用——第二次世界大战末期美军对广岛与长崎实施的核打击，则属于典型的震慑作战，两次核打击有效撼动了日本的抵抗决心，将精打重击的震撼效果发挥到了极致。

战争形态的演变不断丰富着军事威慑的内涵。不同类型的威慑具有不同的特点与适用范围，加强对特殊类型威慑的认知，应建立在对军事威慑进行合理分类的基础上。信息时代，军事威慑可按以下方式进行分类。一是按性质分为进攻型威慑与防御型威慑。前者以慑止敌潜在的抗击行动为目的，即消除抵抗；后者以慑止敌潜在的进击行动为目的，即制止侵犯。二是按时机分为平时威慑与战时威慑。前者实施于和平时期，主要通过慑止潜在对手以巩固安全局面、避免战争爆发；后者实施于战争时期，主要通过慑止敌方采取进一步对抗行动，以控制战争规模与强度。三是按范围区分为全局性威慑与局部性威慑。前者实施于战争的各个局部及领域，需调用多军兵种作战力量，一旦奏效将对整个战争格局产生重大影响；后者实施于战争的某一局部，使用的威慑力量在规模与种类上均较为有限，通常只在特定时空范围内发挥作用。四是按技术手段分为高技术威慑与传统威慑。前者以精确制导武器、信息攻防装备、隐身武器、太空作战平台等高技术装备为依托，强调以装备技术优势慑止敌方；后者则强调以显示兵力数量优势、打击强度优势等传统手段慑止敌方。五是按有无涉及核力量分为核威慑与常规威慑。

（二）电磁威慑的内涵

信息革命被公认为与农业革命、工业革命齐名的伟大技术革命，这足以体现信息技术对社会进步的巨大推动作用。信息革命以来，几乎人类活动的所有领域都已经进入或正在进入信息化阶段。然而物极必反，当一件事物被充分运用的同时，其固有弊端也将随之暴露。随着信息化程度的飞速提升，包括军事行动在内的社会活动对电子信息系统的依赖性也越来越高。毋庸置疑，社会或军队一旦失去了电子信息系统的支撑,就会变得举步维艰、无所适从,进而导致难以估量的严重后果。例如,汶川地震后,由于移动通信基站、广播电视发射台等电信设施遭到破坏,导致震区与外界联络长时间中断,严重延误了救援进程。伊拉克战争中,美军发射的少部分巡航导弹受伊拉克 GPS 干扰发生偏航,对于这一事件美军高度重视,立即将伊拉克 GPS 对抗系统作为重点打击目标予以摧毁,并对为伊拉克提供这一装备的俄罗斯提出强烈谴责,这从侧面反映出高度信息化的美军对电子信息系统失效的严重忧虑。

进入信息时代,任何一个国家或地区都难以承受由电子信息系统大面积失效引起的社会活动停滞或混乱;任何一支具有一定信息化程度的军队同样难以承受由此引起的战斗力衰减与作战行动障碍,且信息化程度越高,就越难以承受。基于上述背景,结合慑敌所惧、慑敌所重的威慑原则,可将电磁威慑的概念梳理并定义为**通过显示电磁打击能力和实施电磁打击的决心,以期迫使对方放弃对抗或降低对抗强度的电子对抗行动**。为正确认识这一概念,需从以下方面深入剖析电磁威慑的内涵。

首先是电磁威慑的基本属性。从威慑性质来看,电磁威慑既可用于遏制敌潜在的抗击行动,也可用于遏制敌潜在的攻击行动,兼具进攻型威慑与防御型威慑的双重属性。按作用时机分析,电磁威慑贯穿平时与战时,既可作为平时威慑也可作为战时威慑。对于作用范围,电磁威慑主要实施于电磁空间,针对敌电子信息系统,属局部性威慑。在技术手段方面,电磁威慑主要以各类"撒手锏"式电子进攻装备为依托,是典型的高技术威慑。

其次是电磁威慑的主体、客体及主要手段。一是主客体的界定。电磁威慑在目的上服务于电子对抗制胜,是达成电子对抗制胜的手段之一,因此电磁威慑的主客体应当与电子对抗制胜的主客体保持一致，即威慑主体以电子进攻方为主，威慑客体主要指电子防御方。简言之，电磁威慑是电子进攻方对电子防御方实施的威慑。需要注意的是，任一类型威慑的作用对象都是人或由人组成的群体，而不是其他任何事物，因此被威慑的电子防御方特指依赖电子信息系统进行信息活动的各级作战人员，而非电子信息系统本身。二是主要手段的明确。电磁威慑的手段主要包括两方面。一方面是显示我电子进攻方相对于敌电子防御方的能力优势。例如以军事演习、装备试验等方式适度展示我电子对抗"撒手锏"装备的作战效能，或是适当透露对敌重点电子信息系统配置位置、装备性能、主要弱点的掌握情况，体现我对敌电子防御方核心信息的有效掌握。另一方面是显示我对敌关键电子信息系统的电磁打击决心。例如针对重点目标靠前部署一定规模的精锐电子对抗力量，对敌形成一触即发的高压态势，或是对重点目标周边实施具有警告性质的临界电磁打击。需要注意的是，向敌方显示我方强大的预警探测能力、指挥控制能力、导航定位能力等基于电子信息系统形成的优势信息力并不属于电磁威慑，而应归属于该信息力所保障的作战样式或作战行动对敌形成的威慑。例如，向敌显示弹道导弹预警系统的反应速度与覆盖范围就不属于电磁威慑手段，应纳入反导防御威慑范畴。

再次是电磁威慑的主要特性。一是适用于多个层次的威慑任务。在战争形态从机械化向信息化转变的过程中，电子进攻方的作战对象从以往的单个通信电台、雷达等战术级目标向卫星导航系统、数据链系统、重要电力设施等战略战役级目标拓展；电子对抗力量作战能力的提升也使其具备了遂行战略战役级作战任务的能力。电子进攻方可根据上级作战决心与对手情况，以一定级别电子对抗力量为依托，着眼作战对象的地位作用施以相应级别的电磁威慑。二是主动性强。与电子进攻的主动进击特性类似，无论是应对敌方潜在的进攻行动还是防御行动，电磁威慑均通过显示对敌重要电子信息系统实施电磁打击的能力和决心慑止敌人，向敌方传递"我方能够有效剥夺你方电磁频谱使用能力"的威慑信息，是一种强调主动制敌的威慑样式。三是慑打转换迅速。运用任何一种样式的威慑，都必须考虑威慑失效后如何将已传递给敌方的作战决心兑现为实战行动的问题。电子进攻具有能量释放迅捷、效应生成极速的优势，基于这一优势电子进攻方可在电磁威慑未达成预期遏制效果的情况下，迅速将已显示的电磁打击决心转换为实际电磁打击行动。四是威慑效果与敌方对电子信息系统的依赖程度成正比。电磁威慑源于信息化社会与信息化军队对电子信息系统的依赖。在其他因素恒定的前提下，敌方对电子信息系统的依赖程度越高，电磁威慑的效果就越明显，反之亦然。阿富汗战争中，美军对转入山区打游击战的塔利班武装进行了长时间的清剿，由于塔利班武装信息化程度较低，美军强大的电磁优势几乎失去了参照对象，电子战装备无用武之地，电磁威慑也就无从谈起。

（三）电磁威慑效应的生成条件

电磁威慑在本质上是一个以电磁打击能力为基础，与敌方的心理较量过程。电磁威慑效应的有效生成，不仅取决于威慑主体向威慑客体传递包括电磁打击能力及电磁打击决心在内的威慑信息，还取决于威慑客体对威慑信息的评判。与电子欺骗效应的生成条件类似，可将电磁威慑效应的生成条件归纳为外部条件与内部条件两方面。

生成电磁威慑效应的外部条件是指存在于威慑客体心理空间以外，促成电磁威慑效应生成的条件，主要由电磁威慑力量的实际存在、电磁威慑决心的形成以及电磁威慑信息向敌方的有效传递构成，三者层层递进，缺一不可。

电磁威慑力量是遂行电磁威慑任务的电子对抗力量的统称。在电磁威慑效应的所有生成条件中，电磁威慑力量起到基本物质依托的重要作用。只有具备可有效将电磁威慑兑现为实际电磁打击行动的电子对抗力量，才具有慑止敌方的可能性；如果没有实际存在的电磁威慑力量为依托，电磁威慑将无法实施，取而代之的可能是某种形式的军事欺骗。并非所有电子对抗力量都可作为电磁威慑力量，只有能够对敌重点电子信息系统构成直接重大威胁的电子对抗力量才具有电磁威慑效用。

电磁威慑决心是指运用电磁威慑力量对敌实施电磁打击的坚定意志与基本决定。形成电磁威慑决心是将客观存在的电磁威慑力量转化为电磁威慑效应的关键环节，如果缺乏敢打必胜的信念与气魄，再强大的电子对抗力量也只是摆设，难以使敌产生畏惧心理。在具体任务中，电磁威慑决心还需通过科学合理的决策与方案来体现，而非仅停留意志层面。形成电磁威慑决心，必须在正确认知敌情与我情的基础上，着眼全局、科学筹划，合理确定电磁威慑对象、所要达到的预期效果、实施威慑的时机、具体威慑方式以及威慑向实际打击行动的转化方案等，进而建立可信度高且可行性强的电磁威慑计划。一方面向敌表明我方绝非危言耸听，而是完全能够使其遭受电子信息系统瘫痪的严重后果；另一方面为我电子进攻方实施电磁威慑提供有效的指导与依据。

电磁威慑信息是指为生成电磁威慑效应而向敌传递的反映我电子进攻方电磁打击能力与电磁打击实施决心的信息。威慑效果直接取决于威慑客体对威慑主体实力与预期行动的认知，因此必须将电磁威慑力量的情况与电磁威慑决心通过一定的信息传递渠道呈现于敌，才有可能使敌充分认清贸然实施对抗或升级对抗强度的严重后果。

生成电磁威慑效应的内部条件涉及威慑客体心理空间内部，主要指威慑客体感知电磁威慑信息后，在认知域对己方预期行动的风险及代价产生顾虑或畏惧心理。关于威慑的大多数文献仅将威慑力量、威慑决心与威慑信息的传递作为威慑生效的基本条件，往往忽略了威慑客体对威慑信息的认知这一内部条件。电磁威慑的力量、决心与信息是生成电磁威慑效应的必要条件，但不是充分条件，它们能否在认知层面对威慑客体的情况判断与作战决心产生有利于威慑主体的影响，还取决于威慑客体对电磁威慑信息的判断与权衡。只有当威慑客体认为其预期行动确会招致威慑主体的电磁打击，且由此导致的损失将超出其承受范围，威慑客体才有可能产生顾虑或畏惧心理，从而放弃对抗或降低对抗强度。

第二节 内在依据

一、电磁毁伤对电子信息系统的功能瘫痪作用

现代战争中，军事打击的针对性与专业性愈发凸显，适用于特定类型目标、具有较高效费比的专向毁伤手段不断涌现，在相应作战领域逐渐取代了具有普适作用的通向毁伤手段。作为电磁斗争领域的专向毁伤手段，电磁毁伤以敌电子信息系统为主要施效对象，以瘫痪其信息功能为基本施效途径，其内在制胜依据可表述为：以电磁能、定向能等技术手段，对敌电子信息系统中的重要节点、链路或是对其具有支撑作用的基础设施施加影响，使其处于部分或完全失能状态以致于不能正常运行，以此有效限制甚至剥夺敌方依托电子信息系统进行军事信息活动的能力，使敌感知迷茫、关联隔

断、根基动摇，从而战斗力大幅衰减。

（一）瘫敌预警探测系统，迷茫信息感知

预警与探测是感知战场信息的两个主要方面，前者是指对目标的尽远搜索与及早发现，后者是指对目标具体参数的测定。由于两者在功能上互补，行动实施上紧密结合，因此通常将感知战场信息的行动统称为预警探测。信息化局部战争，作战行动将在陆、海、空、天、网、电多维一体的广域战场空间展开，其间各类目标分布广泛、战场态势变化迅速，必须以信息化预警探测手段有效感知战场信息。以侦察卫星、预警机、电子侦察船、雷达站等电子侦察平台为组分的预警探测系统是感知战场信息的重要依托，它们主要通过主动发射并接收电磁辐射信号，或截获敌方电磁辐射信号的方式实施侦察，可为指挥决策、作战行动实施以及武器控制提供必不可少的情报保障。

预警探测系统是人类感官在信息化战场上的有效延伸，一旦功能受损，对于整个信息化作战体系运行的影响，就相当于听力、视力下降对人感知与行动的影响。瘫痪敌预警探测系统将降低其所在作战体系获取外界信息的质与量，使敌陷入感知迷茫的困境。耗散结构论认为系统只有从外界摄入充足负熵才能克服由内部熵增加引起的无序，进而实现对外部环境的有效适应与自我进化。瘫痪敌预警探测系统使其无法有效获取战场信息，相当于限制敌作战体系摄入负熵流。当负熵的摄入量，即所获取战场信息的质与量降低到一定程度时，敌作战体系运行将陷入无序状态，无法有效应对战场态势变化，相关作战能力也将大幅衰减甚至瘫痪，突出体现为：指挥员判断失误，甚至无法实施情况判断；部队进攻与防御范围缩减，行动的盲目性与风险性增大；众多信息化装备失去用武之地等。

电磁毁伤是瘫痪敌预警探测系统的有效手段。运用电磁毁伤瘫敌预警探测系统使其感知迷茫，有助于对敌形成非对称信息感知优势，在限制敌作战体系效能发挥的同时可有效提升我作战决策的选择余地与作战行动的自由度。例如，以反辐射武器打击敌有源侦察设备的信号发射模块（如雷达发射天线），可致其无法发射探测信号；以电子干扰装备对敌侦察设备信号接收模块实施压制，可致其在一定时空范围内无法有效识别、提取有用信号。

（二）瘫敌信息传输系统，隔断相互关联

信息传输是指将信息由信源传递到信宿的活动，是信息运转过程的关键环节。在军事信息活动中，信息传输既包括上下级之间及友邻之间的通信，还包括作战人员与无人平台的信息交互，例如对无人机机动、侦察、攻击的遥控，以及由导航卫星向用户提供位置信息。信息化战场，传输战场信息的主要载体是电磁波，主要方式是无线传输，主要工具是由通信系统、导航定位系统、武器控制系统等组成的信息传输系统。信息传输系统的可靠性与传输效能直接制约了作战体系的信息化程度，其正常运转是有效实施指挥控制、协调配合、导航遥控的必要前提。

信息传输系统之于作战体系犹如神经系统之于人体，信息传输系统瘫痪意味着作战体系内部信息流受阻，可导致作战单元与指挥机构之间或各作战单元之间的关联被隔断，引发一系列负面效应。首先，情报信息流受阻意味着作战体系从外界摄入的信息负熵流不能深入体系内部，将影响指挥机构与各作战单元的效能发挥。态势情报难以送达指挥机构将导致指挥员无法全面及时的掌握战场态势，进而无法实施有效判断与决策；目标情报难以送达各作战单元或武器平台，将导致作战行动时效性下降、精确打击难以实施。其次，调控信息流受阻将制约体系作战能力的形成。信息化战场，各作战单元的集成联动是生成体系作战能力的前提，而集成联动的关键在于以顺畅的调控信息流引导物质流与能量流，即通过有效的指挥通信与协同通信将各作战单元聚合为一个有机整体，确保资源的合理调度与能量的高效释放。调控信息流受阻，将削弱指挥机构对所属作战力量的掌控能力，使各作战单元陷入彼此孤立、相互割裂的境地，物质流与能量流将趋于停滞，集成联动也就难以实现。

电磁毁伤同样是瘫痪敌信息传输系统的有效手段。对敌信号接收设备实施干扰压制，可降低或破坏其接收通信信号的效能。对敌中继站、交换机等信息传输系统的中枢节点实施电子摧毁，可致敌链路中断、网络瘫痪。以一定技术手段破坏信道，可致敌相关信息传输设备无法使用，例如释放光学烟幕遮断光信道，使敌激光制导、激光通信设备失效。瘫敌信息传输系统，本质上是对敌信息结构力[①]的削弱或破坏，隔断的是敌"传感器""决策者"以及"射手"间的关联，能够有效置敌作战体系于结构坍塌、功能还原的困境，为强化我行动优势奠定基础。

(三) 瘫敌战争潜力系统，动摇能力根基

在广义上，战争潜力泛指军事力量以外一切可用于支撑战争的物质力量和精神力量的总和，涉及参战国家或地区的政治、经济、文化、人口、工业、自然资源等多个方面。狭义的战争潜力主要指，对战争体系正常运转具有重要支撑作用的民用设施或军民共用

---

① 指战斗力要素总和之外的独立增量，是基于信息系统的作战体系与生俱来的"整体大于部分之和"的系统效应，其大小服从梅特卡夫定律，即"网络效能与网络节点数成平方关系"。参见董子峰，《战斗力生成模式转变》，北京，军事科学出版社，2012年，第26页。

设施。本节主要针对狭义的战争潜力展开研究。从攻击目标的角度，战争潜力系统主要由电信、电力、交通等战争潜力目标组成，既是社会生产、生活正常化的保障，也是战争体系正常运转的根基。

信息时代，战争潜力系统与电子信息系统紧密相关。第一类战争潜力目标本身就属于电子信息系统范畴，如移动通信、广播、电视等；第二类战争潜力目标的功能是为电子信息系统的正常运转提供支撑，如电力设施；第三类战争潜力目标依托电子信息系统实现正常运转，如民航系统。而上述三类目标均可作为电磁打击对象，因此电磁毁伤是瘫痪敌战争潜力系统的有效手段。首先，对敌方民用公共信息系统实施大范围干扰压制，阻塞其日常通信与信息传播，既可扰乱目标区域民众正常生活秩序，使其滋生反战情绪，还可限制敌方政府对民众的舆论宣传力度，有助于掌控舆论主动。其次，对敌电力设施实施电磁毁伤，中断敌重点地区电力供应，能够有效阻滞当地社会生产生活的正常运转，在最大限度避免民众伤亡的同时动摇民心，还可从根源上削弱敌相关军事设施的持续运行能力，使其作战体系效能衰减。再次，对敌方交通系统中的关键电子信息系统，例如航空通信、航空管制雷达实施电磁毁伤，破坏其交通调度及控制能力以瘫痪其交通系统，既有利于对敌实施区域封锁，还可有效降低甚至剥夺敌交通运输动员能力，使其难以利用交通系统实施兵力投送。

以电磁毁伤瘫痪敌战争潜力系统，可充分发挥电磁打击手段施效范围广、隐蔽性强、作战效益高、附带毁伤易控制的优势，更好地实现动摇敌战争体系根基、加速联合作战进程之目的，是在更大范围内夺取制电磁权，进而促进联合作战整体制胜的有效途径。

二、电子欺骗对信息接收主体的感知诱扰作用

具有一定智能的个体之所以可能被骗,本质原因在于其对客观实际的感知会出错,而感知出错的可能性是实施一切军事欺骗的根本依据与前提。成功的军事欺骗正是以一定的手段使这种可能转化为现实,并有效掌控欺骗客体感知出错的时间、场合、趋向、方式及程度。感知是信息活动的起点,易受外界影响,通常被作为军事欺骗的突破口。信息化战场,电子信息设备是获取战场信息的主要依托,电子欺骗通过敌电子信息设备向欺骗客体传递虚假信息,在欺骗客体进行战场信息活动的起始阶段对其施加影响。电子欺骗的内在制胜依据可表述如下:接收由电子信息设备获取的虚假信息后,欺骗客体由于虚假信息的误导性或迷惑性致使感知被诱偏或扰乱,产生错误判断或是难以抉择,最终导致决策失误、行动失效。具体体现为以下三方面。

(一) 诱敌置信欺骗信号,引起感知错觉

知觉是感知主体对所获取信息的初步判断。形成正确的知觉意味着感知主体将来自外界的自为信息转化为客观反映事物性质或运动规律的自在信息,即实现了客观实际与主观认识的统一,是有效实施信息活动的必要前提。感知主体一旦形成对客观事物歪曲的知觉——错觉,则意味着自为信息与自在信息存在一定偏差,即主观认识与客观实际不符,将导致后续信息活动发生方向性错误。感知能力的局限性是产生错觉的根源,它使感知主体难以始终得到全面、客观反映感知对象的信息,也无法彻底排除无用信息与虚假信息的干扰。军事欺骗正是利用了这一局限性,将虚假信息以一定形式呈现于欺骗客体的感知范围内,使其接收后误以为真,进而产生

错觉。

作为信息时代人类感觉器官的延伸，雷达、光电探测设备等电子侦察设备已成为感知信息化战场态势的最主要工具，具有侦察距离远、测算精度高的优越性。失去电子侦察设备的有效支撑，战场态势感知活动将难以进行。在电子侦察过程中，目标的相关信息承载于电磁波，不同属性的目标或同一目标的不同运动状态，将体现为具有相应波形特征的电磁信号，而信号波形特征与目标属性或状态的对应是电子侦察辨识目标的依据。这就意味着只要有与目标对应的电磁信号出现，不论目标是否真实存在，属性或运动状态如何，电子侦察设备都会将其接收并解析为相应的目标信息，呈报给使用电子侦察设备进行感知的作战人员或智能武器。

军事欺骗的方式总是与战场信息感知的方式紧密相关。电子欺骗着眼电子侦察设备感知能力的局限性，利用一定设备、器材有意生成或改变反映目标信息的电磁信号，旨在通过这一方式造成欺骗客体的错觉。例如模拟敌卫星导航信号，将事先设定的虚假信息调制入其中并发射至敌无人机导航信号接收天线工作范围，使其解调出与实际位置不符的坐标信息。或是发送特定雷达欺骗信号使其与真实目标回波一并进入敌雷达接收天线，两者叠加后在敌雷达显示器上呈现出与实际情况不符的目标数量或运动状态。作为欺骗客体，敌电子侦察设备使用者接收的只是电磁信号的解析结果，难以获知电磁信号的真实来源与实际组成，只能根据解析结果结合以往经验或运用信号数据库推断信息真伪，当欺骗信号足够逼真或是敌自身鉴别能力不足，就有可能致敌错将欺骗信号承载的虚假信息当作真实信息，产生与目标实际情况不相符甚至相悖的判断，即产生错觉。欺骗客体产生错觉意味着对真实目标的注意力被诱偏或是分散，必然影响其后续决策的正确性与行动的有效性。例如诱使精确制导武器奔假目标而去，或是令敌无法确定真实目标，被迫处处分兵，难以集中力量，以此为我争取主动、谋求有利形势。

（二）诱敌误判我方身份，采纳诱骗信息

感知主体实时获取信息的渠道主要有两类：一是依托一定工具直接对感知对象进行感知，如侦察；二是接收来自其他感知主体发送的信息，即通信。当感知主体自身感知能力不足以适应感知活动对信息获取数量与质量的需求时，必须以通信手段弥补这一能力与需求间的差距。此外，为实现感知主体间的控制或协同，同样需要以通信手段进行信息交互。某一感知主体之所以会采纳来自另一感知主体的信息，部分原因在于信息本身具有较强的可信度，但更主要的原因是对信息发送方的信任，尤其对于一些仅从内容本身难以辨别真假的描述性信息或指令性信息，是否采纳几乎全部取决于收信方对发信方的信任。信任与欺骗总是相生相伴，欺骗主体若能在通信中骗取欺骗客体的信任，使其误认为在与己方通信，就有可能通过发送诱骗信息达成误导甚至控制欺骗客体的效果。

无线通信是利用电磁波达成的通信，通信双方无需借助任何媒介即可传递信息。信息化局部战争中，无线通信是传递战场信息的最主要手段，在空天战场、海战场中甚至是唯一手段，若失去无线通信的支撑，不论是上级对下级的指挥控制、下级对上级的请示汇报还是同级之间的协同配合都将严重受阻。电磁波优越的传播特性与电磁空间的开放性，赋予无线通信覆盖范围广、使用便捷的优势，但也为电子欺骗预留了"接口"。对于无线通信的收信方而言，是否采纳所接收电磁信号中的信息主要取决于对发信方身份的验证结果。在无线通信中通常以呼号、口令、密钥等方式辨识敌我，只

要发信方的呼号与口令符合事先约定就认为其属于己方。这就意味着，若能获取敌方无线通信网专的呼号与口令，就有可能通过敌收信方的身份验证，从而骗取其信任。

电子冒充正是以此为依据的一种电子欺骗手段。欺骗主体通过一段时间的侦察与分析，摸清欺骗客体所在无线通信网路的呼号及对应的上下级关系，并破解其口令及密钥，在特定时机冒充欺骗客体的上级、下级或平级与其建立通信，以互通呼号、验证口令等方式通过欺骗客体的身份认证，使其相信与欺骗主体共属同一通信网路，进而骗取欺骗客体信任以及与虚假身份相对应的权限。欺骗客体误将欺骗主体当作己方，就意味着对欺骗主体所发信息的信任与主动采纳。欺骗主体利用这一点可向其发送假情报或下达假指令，对其进行误导甚至控制，即使被冒充者试图澄清事实或纠正偏差，也难以在短时间内消除电子冒充的效果，还有可能引发欺骗客体的困惑，造成失控。海湾战争中美军通信电子战部队插入伊军通信网冒充伊指挥员下达指令，导致伊军炮兵部队对其友军实施炮击，伊军指挥员发现下属被骗后立即下达纠偏指令，然而美军又根据纠偏指令向伊炮兵部队下达内容完全相反的假指令，使其无所适从，严重影响了伊军指挥员对炮兵部队的指挥控制。这一战例充分说明电子冒充一旦奏效，将对制胜产生事半功倍的促进作用。

（三）诱敌做出错误推断，导致定势错悟

感知的重要作用之一，是根据所掌握的信息推测无法直接观察的客观事物或客观事物未来的发展趋势。这种推测是感知过程的高级阶段，也是扩大感知时空范围的有效手段。感知失真引起的后果是错觉，而推测失误引起的后果称为"错悟"，即错误的感悟。错觉是对当前客观事物的错误反映，具有直接性；而错悟是对当前客观事物以外情况的错误反映，具有间接性。欺骗客体产生错悟的原因是复杂多样的，但最主要原因是其思维中某一定势被欺骗主体利用。假定"A出现就意味着B"是欺骗客体的某一思维定势，而欺骗主体在客观实际属于非B范畴的情况下，以有意为之的行动使欺骗客体感知到A，即触发这一定势，误导欺骗客体推测出B的结果从而引起错悟。错悟是由真实情况推导出的不实结果，与错觉相比，在短时间内较难纠正，对欺骗客体的误导或迷惑作用也更为强烈。

信息化战场，作战力量的运转与行动总是伴随一定的电磁活动，敌电子信息设备所产生电磁信号的类型、密度、活动规律等通常被作为推测敌方基本情况与行动意图的重要依据。例如根据通信信号的空间分布推断敌作战力量配置，根据压制性干扰的释放方向预测敌主攻方向等。而这些推测大多基于特定电磁活动对应特定敌情的定势。作战人员尤其是指挥员思维中对相关电磁活动的定势，主要源自通过学习掌握的知识或是在以往实践中形成的经验，并作为一种惯性式心理反应模式固化于思维之中。该类定势有利于指挥员根据特定电磁活动迅速形成敌情判断，进而提高决策及行动效率，但也成为伴动类电子欺骗的着眼点。以登陆作战为例，为确保登陆突击行动顺利实施，电子对抗力量必须适度提前对当面守卫之敌的目标监视雷达、火控雷达、指挥通信、协同通信等实施强烈干扰压制，确保登陆集团接敌之前夺取局部制电磁权。局部制电磁权对于登陆突击行动的重要性，使得防御之敌必然高度关注电子对抗力量的动向，旨在依据主要电子进攻方向预判登陆突击方向，以此确定防御部署。利用敌方"电子进攻方向即登陆突击方向"这一定势，可反其道而行之，运用电子对抗力量对非主攻方向上敌电子信息系统实施强烈干扰，以电子佯攻触发敌指挥员思维定势，有意误导其产生我将在佯攻方向实施登陆突击的错误推测,即引起错悟。敌指挥员的错悟将导致对主要防御方向的错判,并进一步影响其防御部署的有效性,从而为我以较小代价完成作战任务奠定基础。

三、电磁威慑对信息时代强敌的心理制约作用

作为一种战争手段,威慑的施效对象归根结底是人而不是物。人的行为必然受到性格、观念、情绪等心理因素的影响,即便是最优秀的指挥员也无法做到绝对理性,正因如此,威慑才有可能通过制约敌人的心理,影响其认知与决策。电磁威慑以高度依赖电子信息系统进行信息活动的信息化强敌,尤其是其决策者为重点施效对象,以制约其心理为基本施效途径,是"人理"在电子对抗制胜机理中的主要体现。电磁威慑中的决心并未或暂未实际兑现,而是通过一定的外部手段,使高度依赖于电子信息系统的威慑客体认识到这种决心一旦兑现可能引起的严重后果,从而对其心理造成否定性情绪,慑止其放弃预期对抗行动。这就是以电磁威慑促成电子对抗制胜乃至联合作战制胜的内在依据。电磁威慑对信息化强敌的心理制约作用主要体现在以下方面。

(一)致敌产生恐惧情绪,斗争意志受挫

心理学中,恐惧是指受到威胁而产生,并伴随着逃避愿望的一种情绪反应,对行为主体的意志通常具有消极的影响作用。这一作用过程具体体现如下:当行为主体意识到自身的某些行动将使其切身利益受到重大威胁时,就会因设想这种威胁转化为现实的场景而产生强烈恐惧情绪,由此派生出的逃避愿望将动摇其实施该行动的意志。

电磁频谱资源是战场信息活动的主要依托,电子信息系统则是

利用电磁频谱资源进行信息感知、传递等战场信息活动的基本工具。失去电子信息系统的支撑，军队的信息能力将全面下降，作战效能将严重衰减，且军队信息化程度越高，这一现象就越明显。信息化强敌拥有先进的电子信息系统，并以其作为侦察、通信、导航等信息活动的主要甚至是唯一工具，一旦电子信息系统无法发挥效能，其作战行动将受到严重阻碍甚至出现混乱。加之电子对抗具有易攻难守的特点，且越是规模庞大、功能完善的电子信息系统，全面实施电子防护的难度就越大。电磁威慑着眼信息化强敌对电子信息系统的高度依赖，以及电子对抗的易攻难守性，通过向敌显示我强大的电磁打击力量与坚定的电磁打击决心，迫使其不得不充分考虑遭受我电磁打击后由电子信息系统失能而导致的严重后果。对于敌决策者，无论是感知迷茫、通信中断，还是时空失准、控制失效，都是千方百计想要避免的，而一旦其电子信息系统的防护能力无法抵御我电子进攻，上述后果就很有可能成为现实。对于电子信息系统失能后果的预测，必然引发敌决策者的恐惧情绪以及对该后果的逃避愿望，而逃避愿望的产生又会在一定程度上挫伤其实施预期对抗行动的意志，使其或是放弃预先计划，或是降低对抗强度，以此避免可能产生的不利局面。

（二）致敌产生疑虑心理，不敢贸然行动

疑虑是指由于对潜在威胁的可能性，及其所引发不利后果的主观想象而产生的怀疑与顾虑，通常会引起行为主体在决策上的犹豫或是行动上的退却。疑虑与恐惧都是行为主体对威胁的常见心理反应，区别在于前者源于某种不确定发生或是内容未知的威胁，而后者源于某一相对确定且具体的威胁。

时间、空间与方式均已获悉的威慑，在效果上往往不及无法完

全洞察的威慑，主要原因就在于后者能够使威慑客体产生疑虑心理，进而影响其决策与行动。威慑主体向威慑客体传递的电磁威慑信息中，通常只会部分透露威慑力量与威慑决心，不会将其全盘托出。例如只是告知敌方某一电子对抗"撒手锏"装备的存在，而不透露其作战性能、部署情况、作战目标等具体信息。基于自我保全与防范的本能，威慑客体收到此类威慑信息后势必对其重点关注的未知方面，例如威慑主体兑现威慑决心的可能、被列为重点打击对象的电子信息系统、"撒手锏"装备的部署等情况产生猜疑与顾虑。疑虑心理往往令威慑客体在根据电磁威慑信息的已知部分推断或猜想未知部分的过程中，做出比实际情况更加不利于己的判断，令其在制定计划与调控行动时不仅对已知威胁进行规避，还要防范可能出现的未知威胁。当电磁威慑对威慑客体造成的疑虑心理达到一定程度，就会影响其决策的果断性与行动的主动性，使其犹豫不决、处处生畏，从而达成威慑目的。

（三）致敌产生认知定势，拓展施效范围

认知定势是指人们在认知过程中根据以往经验教训来看待当前问题的一种惯性式心理反应。当人们在以往认知活动中遭遇一定心理创伤后，这种心理创伤的诱因、作用过程与结果，就有可能成为一整套固有的心理反应模式存在于认知过程中，当类似诱因或与之相关的暗示信息再度出现时，该心理创伤就会重演。

对敌实施电磁威慑的关键之一，就在于致敌产生有关于我电子对抗"撒手锏"武器威胁巨大、或是某一电子进攻战法难以防范的认知定势，使敌将我电子对抗力量的运用与其电子信息系统的失能作为一种必然因果联系固化于思维之中。一旦定势形成，就可在后续对抗中将上述"撒手锏"武器或战法作为威慑手段运用，利用敌

认知定势的思维固化作用将相关威慑信息或明示或暗示于敌,再次"唤醒"其关于电子信息系统失能的"记忆",令其未战先惧,由此实现不战而屈人之兵。以反辐射攻击为例,美军在海湾战争中多次运用空地反辐射导弹对伊拉克防空雷达实施硬摧毁,展示了反辐射攻击对雷达构成的巨大威胁,令对手形成了反辐射攻击就意味着雷达被摧毁的认知定势。伊拉克战争美伊再度交手,面对美军空中电子战力量,伊拉克地面防空部队未战先惧,为寻求自保而采取限制雷达工作时间,甚至是避免雷达开机的消极措施,致使其自身防空能力丧失殆尽。这一认知定势的施效范围还超出了雷达对抗领域,伊军其他部队慑于美军的反辐射攻击能力,在通信时也采取了缩短通联时间、频繁更换电台位置等措施避免被定位与打击。尽管美军当时还不具备对常用通信频段信号实施精确定位,以及打击通信设备的反辐射摧毁能力,由此可见致敌产生认知定势所具有的广泛电磁威慑效应。

第三节 实现途径

一、直击要害,多能聚效

电磁毁伤是电子进攻方对敌电子防御方施加影响的最直接方式,是电子对抗主动进击特性的集中体现。实施电磁毁伤,必须要以"直达"和"聚效"为核心着眼点,以锁定电磁毁伤目标、统筹电磁毁伤手段、强化电磁毁伤效果为实现途径。

(一)整体谋划,突出重点,锁定电磁毁伤目标

电磁毁伤目标就是电磁毁伤行动的施效对象。锁定电磁毁伤目标是定下电子对抗作战决心的关键内容之一,也是电子进攻方组织实施电磁毁伤行动的重要依据。将符合联合作战整体决心、对敌电子信息系统具有重要支撑作用的目标锁定为电磁毁伤对象,是有效夺取制电磁权进而促进联合作战整体胜利的必要前提。

一是基于联合作战任务需求,整体谋划。无法为实现联合作战整体企图提供有效支撑的电磁毁伤,即使奏效也难以为制胜产生实际价值,甚至会导致负面效应。电磁毁伤行动从属并服务于联合作战行动,电子进攻方必须牢牢把握联合作战整体决心,从任务需求出发,在目标系统层面重点锁定以下三类电磁毁伤目标。首先是对当面之敌作战体系正常运转具有关键保障作用的电子信息系统。该类目标系统一旦瘫痪,敌作战体系将陷入信息闭塞、结构坍塌的困境。例如岛屿封锁作战中敌预警探测系统、通信系统等,对其实施电磁毁伤本身就是作战任务的主要方面。其次是对我作战力量构成直接重大威胁的敌电子信息系统。毁伤该类目标系统将有助于我减少损失、加快作战进程,确保顺利完成作战任务。例如,空中进攻作战中敌防空体系中的火控系统、制导系统等,对其实施电磁毁伤是我航空兵有效突防的必要保障。再次是对敌战争意志具有重要支撑作用的部分战争潜力系统。对其实施电磁毁伤对于瓦解敌民心士气、削弱其战争潜力具有事半功倍的效用。例如敌电力系统、电信系统等,对其实施电磁毁伤是瘫痪敌战争体系、动摇敌战争意志的高效途径。

二是突出重点,直击关键目标及要害部位。电子信息系统通常由多个信息节点以链路或网络的形式构成,电子进攻方难以对其中所有节点并行施效,只能对一定数目的重要节点实施电磁毁伤。因此在目标系统层面锁定电磁毁伤目标后还需以"击要断链"或"击要破网"为准则,将敌电子信息系统中的关键目标或要害部位作为电磁毁伤具体对象，为电磁毁伤行动提供更具操作性的指导。对于链路类目标系统，应锁定其中对维系链路正常运行起到关键作用，且易受外界能量影响的节点作为电磁毁伤目标，例如预警探测链中的雷达发射天线，或导航定位链中的用户终端接收设备等。对此类目标实施电磁毁伤将破坏目标链路的完整性，使其因关键功能缺失而造成信息流程中断。对于网络类目标系统，应锁定其中对网络连通性具有重要支撑作用的节点作为电磁毁伤目标，例如电力网络中的变电站或是移动通信网络中的基站等。毁伤此类目标将隔断与之相连的其他节点间的联系，从而高效破坏目标网络的连通性，降低其整体效能。

（二）匹配用能，功能集成，统筹电磁毁伤手段

电磁毁伤手段是指用于电磁毁伤的各种工具及措施的统称，具体体现为用于电磁毁伤的武器装备及其运用方式。统筹电磁毁伤手段的实质就是解决"依托什么实施电磁毁伤"的问题。信息化战场各类电子信息设备在功能类型上高度分化，在运用形式上却又高度集成。这就要求电子进攻方在统筹电磁毁伤手段时，既要实现武器装备与单个目标的精确匹配，更要注重形成与目标系统相对应的综合对抗能力。

一是匹配用能，选用能对主要目标高效实施毁伤的装备。锁定电磁毁伤目标后，用于电磁毁伤的武器装备与目标的匹配程度直接制约了毁伤效果，匹配程度越高，毁伤行动的效益就越高。对于软杀伤，应根据目标工作方式选择相应装备以确保能量有效进入。以干扰敌导航设备为例，所选用的干扰设备必须能够产生与敌导航信号在频率、样式等方面相匹配的干扰信号，否则就难以实现电磁能量对电磁毁伤目标的有效作用。对于硬摧毁，应针对目标的易损性

选择具有高毁伤效能的弹药。以电力设施为例，短路是影响其正常运行的最大威胁，对敌电力设施实施电磁毁伤应着眼这一薄弱环节，使用碳纤维炸弹攻击敌输变电线路，使其因大面积线路短路而功能瘫痪。

二是功能集成，形成具有综合电磁毁伤能力的作战系统。电磁毁伤目标系统的高度集成性决定了任何单一功能的电磁毁伤手段都难以对其实施全面毁瘫。在实现武器装备与各类目标精确匹配的同时，还需通过对各类电磁毁伤手段的集成，构建具有综合电磁毁伤能力的作战系统。在纵向上，联合作战指挥员应直接掌控所属电子对抗力量，并视情向上级申请战略级电子对抗支援，以此确保电子对抗系统的纵向贯通，形成对不同级别目标的电磁毁伤能力。在横向上，应根据电磁毁伤目标系统的构成，将与之相对应的通信对抗、雷达对抗、光电对抗、导航对抗等多个专业的电子对抗力量进行合理编组，实现对不同功能类型目标的有效应对。在整体上，应依托信息系统的网聚作用，实施灵活高效的作战部署，采用联合集成式兵力编组、立体疏散式力量配置、动态调控式任务区分，以生成综合电磁毁伤能力。

（三）扰毁融合，信火并行，强化电磁毁伤效果

电磁毁伤效果是指电磁毁伤行动对目标的毁伤程度，也是筹划、实施电磁毁伤行动的直接目的。强化电磁毁伤效果，既要在电磁斗争领域实现电子干扰与电子摧毁的融合，更要在联合作战领域实现以电磁毁伤为主的信息作战毁伤[1]与火力毁伤的联动。

一是扰毁融合，使电子干扰与电子摧毁的效果互补。电子干扰

---

[1] 指运用电子战、网络战等对敌方电子信息系统实施的软杀伤和硬摧毁。

与电子摧毁在功能上各有所长,前者使用灵活、可控性强,但毁伤效果有限且具有暂时性;后者毁伤效果彻底但需要大量信息支援,且成本较高。在电磁毁伤行动中通过对两者的融合使其效果互补,是强化电磁毁伤效果的有效途径。在目标分配上,运用电子摧毁对敌重要辐射源、通信枢纽等关键信息节点实施"定点清除",可有效降低目标电子信息系统的整体效能;对通信电台、导航制导设备等无法逐个实施电子摧毁的分布式目标可运用电子干扰予以重点压制。在战法运用中,可灵活使用电子干扰诱使敌重点设备开机,为电子摧毁创造战机;对于电子干扰无法有效压制的顽固目标可运用电子摧毁一举歼之,以此为电子干扰减少压力。

二是信火并行,使电磁毁伤与火力毁伤相互赋能。信息作战与火力作战是制胜联合作战的两大支撑,两者并行联动方可聚能增效。在战场网络对抗手段尚未成型之前,电磁毁伤仍然是信息作战毁伤的核心手段,而电磁毁伤与火力毁伤相互赋能,是在联合作战层面高效生成并利用电磁毁伤效果的有效途径。火力主战时,可运用电磁毁伤迷茫敌预警探测、阻断敌信息传输,通过降低敌作战体系的信息力提高我火力打击平台及精确制导武器的突防概率与打击效果,以"先扰后打""边扰边打"的方式实现电磁毁伤对火力毁伤的赋能。实施夺取制电磁权行动时,可运用炮战、导弹战等火力毁伤行动对敌部分电子信息系统实施火力摧毁,弥补电磁毁伤在施效范围及释能强度方面的不足,从而加速夺取制电磁权行动进程,通过"以毁促瘫"实现火力毁伤对电磁毁伤的赋能。

二、因情施骗,层层拆解

电子欺骗是电磁斗争领域技术性与谋略性高度统一的具体体现,是信息化战场军事欺骗的重要组成部分。平台级电子欺骗涉及作战力量较少、程序较为简单，其实现途径不具有典型代表性，故在此以电子进攻方在联合作战中实施的战役、战术级电子欺骗为主要研究对象，将电子欺骗效应的实现途径归纳为定下电子欺骗决心、设计电子欺骗内容、组织电子欺骗行动三个层层拆解的步骤。

(一) 着眼制胜，综合考量，定下电子欺骗决心

电子欺骗决心是有关电子欺骗目的及行动的基本决定，主要包括欺骗客体、预期欺骗效果、欺骗时机等内容。定下电子欺骗决心是筹划电子欺骗的核心任务，也是设计欺骗内容、组织欺骗行动的基本前提，因此电子欺骗决心合理与否，从根本上决定了电子欺骗是否可行、能否奏效。定下电子欺骗决心要注重以下方面。

一是着眼制胜，服从联合作战整体决心。联合作战中，战役、战术级电子欺骗的服务对象通常并非其实施主体——电子对抗力量，而是由电子对抗行动支援或保障的其他作战力量。服务对象与实施主体的分离性决定了在定下电子欺骗决心时，必须以联合作战制胜为着眼点，将电子欺骗作为联合作战行动的一个子系统予以考虑，定下服从并服务于联合作战整体决心的电子欺骗决心。切忌囿于电子对抗力量本级利益定下电子欺骗决心，避免出现电子欺骗在技术上奏效，却没有收到战役战术成效的现象。可视情将电子欺骗客体锁定为当面之敌的本级或上级指挥员，以此达成电子欺骗行动对当面之敌的有效影响。电子欺骗的预期效果应当有利于我联合作战力量占据优势、夺取主动，例如误导守卫之敌将主要防御方向确定为我电子佯攻方向，确保主攻方向作战行动的顺利实施。电子欺骗的时机应当符合联合战役、战斗的行动时间，以达成最佳欺骗效果，例如将电子冒充的时机确定为被困之敌急需增援而多次通联未果之时。

二是综合考量多种相关因素，确保可行。电子欺骗行动是一项具有较高复杂性的系统工程，其可行性受到多种因素影响，为避免不切实际的决心对电子欺骗行动产生负面影响，应综合考量以下主要因素，并将其作为定下电子欺骗决心的重要依据。首先是己方电子欺骗能力。有什么装备打什么仗，同理，具有怎样的电子欺骗能力就应确定怎样的电子欺骗目的。实施电子欺骗必须以具有一定技术水平的电子欺骗设备、器材以及具有相应操作能力的作战人员为基础，辅以必要的电子侦察手段、电磁打击手段等。定下超出电子欺骗能力范围的欺骗决心，既难以实现，还有可能造成欺骗未果反被敌将计就计的后果。其次是欺骗客体的反欺骗能力。如果敌方具有全面系统的侦察能力，可运用电子侦察、照相侦察、人力侦察等多种侦察手段全方位感知战场态势，独立的电子欺骗就难以奏效；如果敌方对我电子欺骗的方式较为熟悉，则同样难以达到欺骗效果。再次是欺骗生效的时间间隔。从向敌释放虚假信息到生成感知诱扰效果需要一定的时长，应确保虚假信息在敌指挥员定下作战决心或下达关键性指令之前抵达，尽量使其在情况判断阶段受到误导或迷惑。如果虚假信息在敌方兵力展开后抵达就难以取得全局欺骗的效果，只能退而求其次，在局部或较低层次的作战行动中实施欺骗。

（二）顺意可信，基于效果，设计电子欺骗内容

电子欺骗内容是指电子欺骗主体为实现电子欺骗目的而设计的与实际情况不符，且具有迷惑、误导作用的虚假信息的统称，主要包括有关我作战部署、意图、行动的假象或假情报，以及冒充敌指挥员下达的假指令等，是对电子欺骗决心的拆解。设计电子欺骗内容就是根据电子欺骗所要达到的预期效果，结合战场具体情况与欺

骗客体特点，将电子欺骗目的具体落实为可承载于电磁波或反映为电磁活动的虚假信息。只有设计出能够取信于敌，且可使其按我方意图实施有利于我、不利于敌的行动的欺骗内容，才有可能实现电子欺骗决心。

一是欺骗内容应契合敌方心理，具有较强可信度。电子欺骗内容中的虚假信息通过作用于敌感知过程生成欺骗效果，而敌方对欺骗内容的关注度与置信度制约了电子欺骗效果，因此只有敌方在主观上重视并相信欺骗内容，电子欺骗才有可能奏效。在设计电子欺骗内容时要以满足敌方信息获取需求、提高可信度为基本原则。首先要确保设计出的欺骗内容投敌所需，以此引起敌方重视。以掩护航空兵突防为例，敌防空部队高度关注我突防机群动向，模拟大批机群来袭的假象就足以吸引敌方注意力。其次要使欺骗内容合情合理以取信于敌。仍然以掩护航空兵突防为例，若模拟出的来袭机群在规模上过于庞大，以至于超出敌方认为我可出动飞机的最大数量，就易被敌方识破。只有设计出数量规模、来袭方向、飞行速度等各方面均合情合理的突防机群来袭假象，才能最大程度地令敌信以为真。

二是欺骗内容应当以实现预期欺骗效果为准则。电子欺骗内容既要逼真，使敌有所反应，更要符合欺骗目的，使敌按照我方意图做出反应。如果敌方接收虚假信息后被误导，但所实施的行动与我预期相距甚远，电子欺骗同样不能算作成功。在设计电子欺骗内容时必须以欺骗目的为准绳，统筹欺骗内容的导向性与逼真性，使虚假信息对敌方的吸引力及其可信度服务于预期欺骗效果，力避"技术上奏效，军事上无效"的现象。诺曼底战役中的大规模电子欺骗，其目的是将德军的守卫重点从实际登陆地点诺曼底转移到加莱地区。盟军根据这一目的设计的电子欺骗内容包括盟军司令部设在接近加莱的多佛尔、登陆舰队向加莱地区开进、空降部队将在加莱地区周边实施空降等。这些欺骗内容尽管设计角度不同，对应的欺骗方式也有所差异，但都服务于同一欺骗目的，从多个方面连续不断地反映"盟军将在加莱地区登陆"这一主题，为实现预期欺骗效果奠定了坚实基础。

（三）技谋结合，加强协同，组织电子欺骗行动

设计出电子欺骗内容后，只有使敌通过电子信息设备感知到其中的虚假信息才有可能产生欺骗效果。这就需要以有效的电子欺骗行动将欺骗内容以电磁波为载体直接向敌发送，或是以一定的电磁活动予以间接反映。电子欺骗行动是以电子欺骗决心为根本依据，对电子欺骗内容的具体诠释。组织电子欺骗行动就是通过制定电子欺骗计划将电子欺骗内容拆解为具体行动方案，并施以行之有效的协调控制。

一是技术支撑，谋略牵引，合理制订电子欺骗计划。电子欺骗内容需转化为敌电子信息设备能够接收并解调的电磁信号，且内容本身要与真实情况具有较高相似度。这些都需要依托一定的技术手段实现，因此电子欺骗相关设备、器材的性能及相应的欺骗技术水平，从根本上制约了电子欺骗行动对电子欺骗内容的诠释水准。制定电子欺骗计划要以电子欺骗技术为支撑，重点明确"使用什么设备或器材实施欺骗""运用何种欺骗技术生成欺骗信号""如何设置欺骗信号的相关参数使虚假信息更加逼真"等问题，以此强化电子欺骗计划的可操作性。需要明确的是，电子欺骗计划并非电子欺骗器材或设备的使用手册，电子欺骗的高技术性也并未降低谋略因素的重要地位。电子欺骗计划是欺骗谋略在电磁斗争领域的具体演绎，要以一定的欺骗谋略为牵引，使电子欺骗设备、器材及欺骗技

术为谋略所用，将诡诈性作为电子欺骗计划的主线。以电子冒充为例，破解敌通信口令、密钥等身份验证措施，以及插入敌通信网路实施通联，需要通信欺骗技术的支撑，但插入的时机、冒充的身份以及所发送假情报与假指令的具体内容等方面，却需要以谋略的形式精心设计、慎重定夺，并将其作为电子冒充实施计划的核心。

二是并行印证，连续施骗，有效协调电子欺骗行动。感知战场态势既需要兼听则明，以多种渠道获取战场信息，还强调持续跟进，对重点目标连续实施侦察以探明其动向。与战场态势感知的要点相呼应，电子欺骗行动同样需要在并行性与连续性上下功夫。首先要加强不同电子欺骗手段之间，以及电子欺骗手段与其他欺骗手段的协调配合，使各欺骗行动传递的虚假信息能够相互印证，以此提高电子欺骗的成功率。以登陆作战中的电子佯动为例，使用雷达欺骗手段产生大批海上及空中目标向佯动登陆地区开进的假象，并以通信欺骗手段模拟出我海空编队内部指挥通信与协同通信网路，适时插入敌通信网路向敌指挥员上报向有关我登陆行动的假情报，再辅以一定强度的火力佯动，依托电子欺骗手段的内外协同，以多种渠道向敌传递能够相互印证的假信息，从而提高欺骗行动的可信度。其次要做好电子欺骗各个步骤的衔接，确保虚假信息的连贯性。电子欺骗所传递虚假信息的连贯性，是诱骗敌感知的必要条件。对于同一感知对象，只有通过连续施骗使虚假信息的连贯性接近甚至超过真实信息的连贯性，才有可能使敌在逻辑上更认同由虚假信息反映的欺骗内容，否则就难以形成足够的欺骗力度。连续施骗应注重以下协调要点：制定并遵守电子欺骗行动顺序表；有效掌控欺骗节奏，上一欺骗步骤取得效果后再实施下一欺骗步骤；当某一欺骗步骤出现问题时，与其相关的欺骗步骤应及时调整，避免欺骗行动因某一环节受阻而全盘失效。

三、慑敌所惧，多手并举

电磁威慑是具有信息时代鲜明特征的军事威慑样式，是电磁斗争领域暴力手段与斗争艺术的统一。对敌形成行之有效的电磁威慑，实现途径如下：一是明确威慑目的，为电磁威慑行动的组织与筹划提供宏观指导；二是掌控威慑力量，为电磁威慑效应生成提供物质依托；三是释放威慑信息，着力提高电磁威慑的可信度与震撼力。

（一）服务全局，立足实际，明确电磁威慑目的

电磁威慑目的就是实施电磁威慑所要达到的预期结果。作为电磁威慑实践活动的根本依据，电磁威慑目的对调集电磁威慑力量、掌控威慑时机与强度、选择威慑方式等具有至关重要的指导与规定作用。电磁威慑目的合理与否直接影响电磁威慑效果。恰当且明晰的目的有利于电磁威慑顺利实施，可为我联合作战行动争取整体上的主动；不当或模糊的目的则会误导电磁威慑行动，甚至招致全局被动。明确电磁威慑目的要从以下两方面着手。

一是以联合作战总体目的为依据。电磁威慑的实施主体是电子对抗力量，而电子对抗力量从属于联合作战力量，因此电磁威慑目的同样从属并服务于联合作战目的。这就要求从联合作战总体任务与企图出发，明确电磁威慑目的，而不仅仅是运用电磁威慑提升电子对抗力量本身的作战效果。

二是透彻分析敌情与我情。明确电磁威慑目的实质上是一个将联合作战总体目的具体化的主观能动过程，而具体化的主要依据就在于电磁斗争领域的敌我情况。只有通过对敌我情况的透彻分析，方能使主观指导符合客观实际，避免做出不切实际的判断与决策。

首先要分析敌方对各类电子信息系统的依赖程度，解决着眼哪些目标实施电磁威慑最有效的问题。其次要对比分析我电子进攻能力与敌电子防御能力，尤其是我方优势能力与敌方弱点所在，对电磁威慑效果做出预判，在此基础上具体确定电磁威慑目的。

（二）用敌所惧，统一指挥，掌控电磁威慑力量

电磁威慑力量是实施电磁威慑的物质基础。失去电磁威慑力量的支撑，电磁威慑只能成为"纸老虎"；而电磁威慑力量越强大，确定威慑目的的视野就越开阔，可供选择的威慑方式就越多，可能取得的威慑效果就越显著。因此，掌控电磁威慑力量是实现电磁威慑效应的关键前提。

一是针对敌关键电子信息系统选定电磁威慑力量。电子进攻装备大多针对特定作战目标而研发，任何一支电子对抗部队也一定有其明确的实战任务。目前尚不存在专门用于电磁威慑的电子对抗力量，只有指挥员根据具体情况赋予其电磁威慑任务的电子对抗力量。选定电磁威慑力量的实质就是确定具体威慑任务的执行主体。首先，要明确敌战场信息活动重点依托的电子信息系统；其次，选择能够对其直接构成较大威胁的电子对抗力量作为电磁威慑力量。

二是对电磁威慑力量实施集中统一指挥。电磁威慑强调在遏制对手的同时实施理性的自我克制，具体体现为既要通过显示电磁打击力量与决心有效慑止对手，也要避免因威慑强度过高或是由威慑向实战转换时的失控，激起对手的高强度报复行动。电磁威慑力量通常选自战略战役级电子对抗力量，其作战行动涉及较高决策层次，不仅要考虑军事层面的效果，还要考虑政治层面的影响。因此电磁威慑力量的指挥权必须集中于联合作战指挥机构甚至更高层次

决策部门，在筹划及实施电磁威慑行动中需统一指挥、集中造势，既要提高威慑效应也要避免局面失控。

（三）平战结合，慑打并举，释放电磁威慑信息

实施电磁威慑行动的核心不是对敌关键电子信息系统实施电磁打击，而是以一定方式向敌释放电磁威慑信息。即使电子进攻方在威慑行动中实施了电磁打击行动，其目的也并非直接剥夺敌利用电磁频谱资源实施军事信息活动的能力，而是以适度的打击行动向敌显示我能力优势与夺取制电磁权的决心。总之，实现电磁威慑的核心途径就在于释放电磁威慑信息，任何电磁威慑方式都是对这一核心途径的具体演绎。释放电磁威慑信息，应当以提高电磁威慑信息的可信度与震撼力为基点。

一是平时为战时奠定基础，加强电磁威慑信息的可信度。显示电磁打击能力是电磁威慑的基本形式之一，而电磁打击能力主要体现为电子对抗实战战绩，以及电子对抗力量平时建设与作战准备水平。我军电子对抗部队发展壮大于和平年代，经历实战较少，尤其需要通过平时建设与作战准备活动显示我电子对抗实力。因此，必须按照平战一体的要求，注重在平时形成电磁威慑积淀，以加强战时电磁威慑信息的可信度。

首先是在演习中显示我电子对抗力量作战能力。战争是展示军事实力的最佳舞台，但我军长期未经历大规模实战，且这一状况仍可能延续，而通过参加演习显示电磁打击能力是在平时实施电磁威慑的有效方式之一。在演习中可有针对性地设置电子对抗作战背景，以潜在对手为假想敌，着眼其关键电子信息系统实施高强度电磁打击演练，并通过舆论宣传、邀请外军观摩等方式适度展示，令潜在对手切实感受我电子对抗力量作战能力，使其未

战先惧。

其次是通过装备试验展示电子对抗"撒手锏"武器的威力。任一电子对抗"撒手锏"武器列装部队之前均需通过一系列装备试验，这一过程既是对武器结构参数、战术技术指标及使用性能等方面的检验，也可用于威慑。可在预有把握的基础上测试电子对抗"撒手锏"武器的电磁打击效果，再对测试过程及结果进行脱密处理后以新闻报道或情况通报的方式部分予以公布，向敌展示其巨大威力，证明我已具备"撒手锏"武器的研发与运用能力。

再次是注重电子对抗理论的威慑作用。先进且完善的电子对抗理论不仅能够有力指导电子对抗实践，其本身同样具有威慑功能。电子对抗从属于信息对抗，而信息对抗的最高境界是谋略与知识的较量。理论是谋略与知识的升华，以适当方式向敌显示我电子对抗理论的先进性，是电磁威慑的高级形式。应在脱密基础上以出版专著、发表论文、颁布条令等形式展示高水平电子对抗理论，以切中对手要害的思想与观点使敌对我电子对抗力量及能力产生畏惧，以达成威慑效果。

二是造势与打击有效结合，提升电磁威慑信息的震撼力。关于威慑中是否包含实际打击行动的问题，传统观点认为：威慑与实战之间存在明显界限，威慑是建立在军事实力基础上的心理对抗，在形式上体现为一方为慑服另一方而实施的"隔空喊话"，发生在双方交火之前，一旦任意一方实施了打击行动，威慑即宣告终止。实际上，单纯强调不战而胜的威慑较难奏效，而通过"小战""精战"达成"屈人之兵"要比不战而屈人之兵更易实现。要确保电磁威慑奏效，就不能排斥必要的电磁打击行动，只有将强大的电磁造势与必要的电磁打击相结合才能提升电磁威慑信息的震撼力。

首先是集中精锐、兵力前置，营造一触即发的高压态势。只有与有利攻击阵位有效结合的电子对抗装备，才能对敌电子防御方构成实质性威胁。为强化电磁威慑效应，电子进攻方应针对敌关键电子信息系统，合理编组电磁威慑力量，并通过装备预置与临战调整相结合的方式将其配置于能够有效实施电磁打击的地（空）域，一方面向敌释放不惧与之坚决一战的信号，另一方面也为后续电磁打击行动的有效实施奠定基础。例如将反辐射攻击力量前置部署，使敌防空雷达处于其作战范围内，既对敌形成威慑又为反辐射攻击行动做好准备。

其次是对敌实施警示性电磁打击。警示性电磁打击是指运用有限规模电子对抗力量打击特定目标，向敌方示警以震慑其心理的电磁威慑行动。电磁威慑中的警示性电磁打击与常规电磁打击的区别主要在于目的上的差异。前者以打击促显威慑效果，强调杀一儆百、示险制心；后者旨在直接剥夺敌使用电磁频谱资源的能力，追求直接毁伤效果。实施警示性电磁打击，一是把握打击时机。通常在前期电磁造势行动无法有效遏制敌方，且仍需对敌进行威慑时实施警示性电磁打击，并要在具体时间上与其他作战力量的警示性打击行动相协调，达成整体发力、联动慑敌的效果。二是精选打击目标。要本着精打慑敌的原则，精选少数对敌信息系统具有显著支撑作用、一旦失效将产生连锁震撼效应的目标作为警示性电磁打击对象，如敌通信枢纽、大型电力设施、重要卫星等。三是严控打击行动。警示性电磁打击既不同于电磁袭扰也不同于电磁毁瘫，打击力度不够则无法起到警示作用，而过分打击则有可能导致对抗升级、局面失控。因此，控制警示性电磁打击"度"的问题至关重要。要严控打击强度，将警示性电磁打击初始强度定位为"点到为止"，打痛敌人即可，再根据敌方受打击后的反应降低或提高打击强度，直至达成威慑目的，若始终无法慑止敌方对抗行动，则应及时转入实战状态。要严控打击范围，防止对警示性电磁打击目标以外的设施造成毁伤，尤其要慎重使用大功率干扰装备、电磁脉冲武器等具有面伤害能力的电子进攻装备，以避免由附带毁伤引起的威慑向实战的非受控性转化。

参 考 文 献

[1] 中央军委政治工作部. 习近平论强军兴军[G]. 北京：解放军出版社，2017.
[2] 中央军委政治工作部. 习主席国防和军队建设重要论述读本[G]. 北京：解放军出版社，2016.
[3] 曹智，张铁柱. 强军策[M]. 上海：上海远东出版社，2016.
[4] 任天佑，赵周贤. 中国梦与强军梦[M]. 北京：人民出版社，2015.
[5] 金一南. 胜者思维[M]. 北京：北京联合出版公司，2017.
[6] 张仕波. 战争新高地[M]. 北京：国防大学出版社，2017.
[7] 赵鲁杰，王珏. 孙子兵法与当代战争：信息时代的制胜大道[M]. 北京：军事科学出版社，2015.
[8] 欧建平. 精锐之师——构建现代军事力量体系[M]. 北京：长征出版社，2015.
[9] 王勇男. 体系作战制胜探要[M]. 北京：国防大学出版社，2015.
[10]（美）阿彻·琼斯. 对西方战争思维的追溯和解析[M]. 刘克俭，刘卫国，译. 海口：海南出版社，2017.
[11] 周峰，王静. 现代战争制胜机理探析集成[M]. 北京：解放军出版社，2016.
[12] 窦国庆. 新型作战能力与战争战略[M]. 北京：中国人民公安大学出版社，2016.
[13] 杨斐，李莹. 孙子兵法战争制胜理论[M]. 北京：解放军出版社，2016.
[14] 王海兰，田宝贵，李瑞景. 中国军事史上的科技制胜思想研究[M]. 南昌：江西高校出版社，2017.
[15] 刘伟. 战区联合作战指挥[M]. 北京：国防大学出版社，2016.
[16] 刘兴，蓝羽石，赵捷. 网络智能化联合作战体系作战能力及其计算[M]. 北京：国防工业出版社，2016.
[17] 刘高峰，孙胜春，郭予. 联合作战指挥与控制技术概论[M]. 北京：国防工业出版社，2016.

[18] （英）理查兹·迪肯. 作战空间技术：网络使能的信息优势［M］. 朱强华，李胜勇，夏飞，译. 北京：电子工业出版社，2016.

[19] 谈何易，雷根生，逯杰. 现代电磁战［M］. 北京：国防大学出版社，2016.

[20] 王星. 航空电子对抗组网［M］. 北京：国防工业出版社，2016.

[21] 司伟建. 现代电子对抗导论［M］. 北京：北京航空航天大学出版社，2016.

[22] 刘永坚，侯慧群，曾艳丽. 电子对抗作战仿真与效能评估［M］. 北京：国防工业出版社，2017.

[23] （意）安德里亚·迪马蒂诺. 现代电子战系统导论［M］. 姜道安，译. 北京：电子工业出版社，2014.

[24] 吴利民，王满喜，陈功. 认知无线电与通信电子战概论［M］. 北京：电子工业出版社，2015.

[25] （美）大卫·阿达米. 应对新一代威胁的电子战［M］. 朱松，译. 北京：电子工业出版社，2017.

[26] （美）大卫·阿达米. 电子战原理与运用［M］. 王燕，朱松，译. 北京：电子工业出版社，2017.

[27] （美）大卫·阿达米. 通信电子战［M］. 楼才义，等译. 北京：电子工业出版社，2017.

[28] 尹亚兰. 战术数据链技术及在联合作战中的运用［M］. 北京：国防工业出版社，2014.

[29] 周辉. 电磁空间战场中的思维技术［M］. 北京：国防工业出版社，2013.

[30] 王志强，金新政. 事理学［M］. 武汉：华中科技大学出版社，2013.

[31] 顾基发. 物理事理人理系统方法论［M］. 上海：上海科技教育出版社，2006.

[32] （俄）多贝金. 波武器：电子系统强力毁伤［M］. 董怡，译. 北京：国防工业出版社，2014.

[33] Jones A, Kovacich G. Global Information Warfare: The New Digital Battlefield［M］. Boca Raton: CRC Press/Taylor & Francis Group, 2016.

[34] Ventre D. Information Warfare［M］. London: ISTE Ltd, 2016.

[35] US Joint Chief of Staff. Joint Publication 3-13: Information Operation, 2014.

[36] US Joint Chief of Staff. Joint Publication 3-13.1: Electronic Warfare, 2012.

[37] US Air Force. Annex 3-13: Information Operation, 2016.

[38] US Air Force. Annex 3-51: Electronic Warfare, 2014.

[39] US Army. Field Manual 3-12: Cyberspace and Electronic Warfare Operations, 2017.

[40] US Army. Field Manual 3-13: Information Operation, 2016.

[41] US Army. Army Techniques Publication 3-36: Electronic Warfare Techniques, 2014.